Wild-
pflanzen

DK

Wild-pflanzen

SPANNENDES WISSEN AUS NATUR, KULTUR UND MEDIZIN

CHRIS THOROGOOD

Bärlauch
(*Allium ursinum*)

INHALT

Einführung 6

Kapitel i: Entdecken 15

Kapitel ii: Leben 39

Kapitel iii: Interaktionen 61

Kapitel iv: Klassifizieren 95

Kapitel v: Draußen 165

Kapitel vi: Veränderungen 211

Kapitel vii: Bestimmen 223

Kapitel viii: Verwendung 239

Kapitel ix: Wachsen 265

Quellen 272
Weitere Literatur & Quellen 273
Glossar 274
Register 276
Register der wissenschaftlichen Pflanzennamen 282
Über den Autor 287
Dank 287

Leuchterblume (*Ceropegia distincta*)
Die Blüten von Wildpflanzen haben viele Farben und Formen, die an ihre Bestäubungsweise angepasst sind. Diese Kesselfallenblume beispielsweise fängt vorübergehend kleine Fliegen und erhöht so die Wahrscheinlichkeit, dass sie Pollen aufnehmen und zu einer anderen Blüte transportieren.

Wildpflanzen versorgen die Ökosysteme der Erde mit Energie und liefern den Menschen seit vielen Jahrtausenden Nahrung und Arzneistoffe. Unser Überleben hing immer von Pflanzen ab, zudem interagieren Menschen und Pflanzen auf viele verschiedene Weisen.

WILDPFLANZEN

Als Biosphäre bezeichnen wir die Bereiche der Erde, in denen Lebewesen vorkommen und die unser Zuhause sind. Wir teilen sie mit etwa 400 000 verschiedenen in der Natur vorkommenden Gefäßpflanzen (Pflanzen, die in spezialisierten Geweben Wasser und Nährstoffe transportieren). Pflanzen gibt es in fast jedem Lebensraum, von der arktischen Tundra über Berghänge bis in seichte Meere.

Zunächst stellt sich die Frage, was wir unter einer Pflanze verstehen. Die alten Philosophen bezeichneten alle Lebewesen, die keine Tiere waren, als Pflanzen, auch die Pilze und Algen (siehe S. 18–21). Heute definieren wir das Reich der Pflanzen (Plantae) anders. Zum ihm zählen die Sporenpflanzen, wie die Laub- und Lebermoose und die Farne, sowie die Samenpflanzen, zu denen die Gymnospermen und die Blütenpflanzen gehören. In diesem Buch geht es vor allem um die Blütenpflanzen.

Die meisten Pflanzen besitzen Chloroplasten, mit deren Hilfe sie das Licht der Sonne nutzen. Diese haben sich aus einem frei lebenden Cyanobakterium entwickelt, das von einer anderen Zelle aufgenommen wurde. Chloroplasten stellen mithilfe des Farbstoffs Chlorophyll aus Kohlendioxid und Wasser Zucker her. Aber wir werden sehen, dass es Ausnahmen gibt. Parasitische Pflanzen, von denen viele kein Chlorophyll besitzen, nehmen ihren Kohlenstoff aus anderen Pflanzen und Pilzen (siehe S. 58–59) auf und fleischfressende Pflanzen (siehe S. 90–91) »erbeuten« Tiere. Wildpflanzen haben viele Anpassungen entwickelt, um mit den Herausforderungen der Natur zurechtzukommen, deshalb haben sich so vielfältige Formen ausgebildet.

FACHBEGRIFFE Botaniker verwenden Fachbegriffe, und etliche kommen in diesem Buch vor. Im Glossar auf S. 274–275 werden wichtige Begriffe erklärt.

WAS IST EINE WILDPFLANZE?

Wildpflanzen wachsen in ihrer natürlichen Umgebung – sie wurden also nicht angepflanzt. Zu den Wildpflanzen gehören viele unterschiedliche Gewächse, von Kräutern bis hin zu Bäumen. Der Begriff umfasst verschiedene Gruppen, von den Sporenpflanzen (wie Moosen und Farnen) bis hin zu den Angiospermen (Blütenpflanzen). Wenn wir über die Entwicklung der Wildpflanzen sprechen (siehe Kapitel 1), müssen wir auch die Sporenpflanzen besprechen, die sich vor den Blütenpflanzen entwickelt haben.

Zu den Wildpflanzen gehören einheimische Arten – solche, die natürlicherweise in einer Gegend vorkommen – und exotische Pflanzen, die aus anderen Regionen eingeführt wurden und sich in der neuen Gegend ausgebreitet haben. Manche von ihnen sind invasiv (sie verdrängen andere Pflanzenarten). Es ist oft nicht leicht zu erkennen, ob eine Wildpflanze einheimisch ist oder nicht, und einige Arten wurden bereits vor Jahrhunderten in einer bestimmten Gegend eingeführt.

Pflanzen werden seit Jahrtausenden als Nahrungsmittel, Heil- oder Zierpflanzen kultiviert. Menschen haben Tausende Kulturpflanzen gezüchtet, etwa Gemüse und so auffällige Gartenpflanzen wie Rosen und Dahlien. Diese Gewächse bezeichnet man nicht als Wildpflanzen.

In diesem Buch werden mehrere Hundert Wildpflanzenarten vorgestellt, wobei der Schwerpunkt auf den Blütenpflanzen liegt, insbesondere auf solchen, die sehr auffällig oder bemerkenswert sind und in vielen Teilen der Erde vorkommen. Außerdem ist ein Ziel, möglichst viele der großen taxonomischen Gruppen vorzustellen.

Gewöhnlicher Blasenstrauch
(*Colutea arborescens*)
Dieser Strauch ist an trockenen Hängen im Mittelmeerraum heimisch. Weil man ihn weiter nördlich als Zierstrauch pflanzte, hat er sich hier mancherorts auch an Straßenrändern ausgebreitet.

Netzblatt-Schwertlilie
(*Iris reticulata*)
Die kleine Zwiebelpflanze und ihre Verwandten sind bekannte Gartenpflanzen, die im Frühjahr blühen. In der Natur wachsen sie meist in größeren Beständen an exponierten, steinigen Hängen.

Rundblättrige Glockenblume
(*Campanula rotundifolia*)
In den gemäßigten Breiten kommt diese hübsche Art natürlicherweise vor allem auf Wiesen vor.

PFLANZEN UND MENSCHEN

Pflanzen und Menschen haben sich gemeinsam entwickelt und die Geschichte der Menschheit ist untrennbar mit der Geschichte der Pflanzen verbunden. Wir waren immer abhängig von den Pflanzen, und auch heute sind wir auf unsere Nutzpflanzen angewiesen, die uns Lebensmittel, Fasern, Arzneistoffe und Energie liefern. Auch in der Kunst und Kultur und in den Religionen spielen Pflanzen eine wichtige Rolle. Die Anatomie der frühen Menschen (Hominiden) spiegelt die Pflanzen wider, von denen sie sich vor vielen Jahrtausenden ernährten. Später wurden Jäger- und Sammlervölker von Gesellschaften abgelöst, die Landwirtschaft betrieben, und heute sind wir abhängiger denn je von Pflanzen, aber gleichzeitig sind viele Pflanzenarten wegen unseres Lebensstils gefährdet. Zwei von fünf Wildpflanzenarten sind heute vom Aussterben bedroht.

Lösungen für viele der größten Herausforderungen, vor die die Menschheit heute gestellt ist, hängen von den Pflanzen und der Biodiversität ab, deren Teil wir sind. Es wird immer deutlicher, dass wir von den Wildpflanzen und der Natur abhängig sind. Trotzdem nehmen viele von uns die Pflanzen kaum wahr und schätzen sie nicht, ein Phänomen, das man als Pflanzenblindheit bezeichnet. Wenn wir verhindern wollen, dass die Artenvielfalt auf der Erde weiterhin rasant vernichtet wird, und wenn wir als Menschheit überleben wollen, müssen wir neue Wege finden, um im Einklang mit der Natur zu leben. Wir müssen die Wildpflanzen unbedingt schätzen und schützen.

Wüsten-Cistanche
(*Cistanche deserticola*)
Diese Wildblume verwenden Menschen seit Jahrtausenden vor allem in China und im Nahen Osten in der traditionellen Pflanzenheilkunde. Weil das Klima heute wärmer wird, könnte sie in trockenen Regionen als Nahrungspflanze bedeutend werden, denn man kann sie ohne Bewässerung und Düngung kultivieren.

Mittlerer Weinschwärmer an einer Heckenkirschenblüte
Auf der ganzen Erde gibt es vielfältige Wildpflanzen, die in komplexen Beziehungen miteinander und mit Tieren leben, etwa mit Insekten, die Blüten bestäuben.

Wespe auf Breitblättriger Stendelwurz (*Epipactis helleborine*)
Einige Interaktionen zwischen Wildblumen und Tieren sind sehr erstaunlich. Diese Orchidee lockt Wespen an, die ihren Nektar trinken. Dieser hat auf sie eine berauschende Wirkung, sodass sie längere Zeit auf der Blüte verbringen und dabei viel Pollen aufnehmen.

UNSER GRÜNER PLANET

Pflanzen versorgen die Ökosysteme der Erde mit Energie, beeinflussen die Luft und das Klima und liefern anderen Lebewesen Nahrung und Lebensräume. Getreide, Gemüse und Früchte züchtet man seit Jahrtausenden aus Wildpflanzen, und heute werden Pflanzen in der Biotechnologie bei Verfahren eingesetzt, die früher gar nicht vorstellbar waren.

Aber wo kamen die Pflanzen her? Wie haben sie sich entwickelt und das Land besiedelt? Um das zu beantworten, müssen wir uns in die Vergangenheit begeben, als es auf dem Festland noch keine Bäume gab und nur Moose den Boden bedeckten (siehe S. 22–23). Dann wandern wir durch Farnlandschaften und Wälder ohne Blütenpflanzen und blicken an riesigen Baumstämmen empor, die einst die Dinosaurier überragten (siehe S. 24–27). Diese urzeitlichen Wälder gingen einer großartigen Dynastie voran: den Blütenpflanzen (siehe S. 30–31), die die Erde völlig veränderten.

Heute gibt es eine verwirrende Vielfalt von Wildpflanzen, die unzählige verschiedene Formen haben und komplexe Gesellschaften bilden (siehe S. 54–55). Sie kommunizieren miteinander (siehe S. 86–87) und interagieren auf komplizierte und manchmal bizarre Weise mit Tieren (siehe S. 80–85).

Dieses Buch feiert die Wildpflanzen: Es geht darum, wie sie sich entwickelt haben, was sie sind, wozu sie fähig sind und wie sie unseren grünen Planeten geformt haben. Heute wird deutlicher als jemals zuvor, dass die Menschheit ohne Wildpflanzen nicht überleben kann.

Aristolochia grandiflora

ENTDECKEN

KAPITEL I

ALS SICH DIE ERSTEN PFLANZEN entwickelten, veränderten sie die Erde für immer. Forschende untersuchen die Fossilien und die DNA heutiger Pflanzen. Sie setzen viele Puzzleteile zusammen, um herauszufinden, wie erste Pflanzen das Land besiedelten. Verschiedene grüne Dynastien lösten einander ab, von den Moosen und ihren Verwandten bis hin zu den Blütenpflanzen. Heute leben wir zusammen mit einer faszinierenden Vielfalt von Pflanzenarten auf der Erde.

Es ist schwierig, sich die Erde ohne Pflanzen vorzustellen, aber vor 500 Millionen Jahren gab es auf unserem Planeten noch keine Vegetation. Dann entwickelten sich die Vorläufer der Pflanzen und bildeten die Grundlage des Lebens, wie wir es kennen.

ENTWICKLUNG DER PFLANZEN

Pflanzen besiedelten das Festland vor etwa 470 Millionen Jahren, als die Erde so weit abgekühlt war, dass sie an Land überleben konnten. Zuvor hatten sich Algen entwickelt. Ihnen folgten kleine Landpflanzen, die Polster bildeten, wie Laub- und Lebermoose. Erst etwa 150 Millionen Jahre später bildeten Pflanzen komplexe »Rohrleitungssysteme« aus, um Wasser zu transportieren. Die ersten Wälder breiteten sich aus. Zu dieser Zeit gab es noch keine Blütenpflanzen und seltsame baumförmige Bärlappgewächse herrschten vor. Ihnen folgten vielfältige Farne. Alle diese Gewächse pflanzten sich mit winzigen Sporen fort, die sich weit ausbreiteten. Die Sporenpflanzen konnten nur an feuchten Orten wachsen.

Wenn wir uns die Erde in der Urzeit vorstellen, denken die meisten von uns zuerst an die Dinosaurier. Aber um die Evolution der urzeitlichen Tiere zu verstehen, müssen wir auch über die Pflanzen nachdenken, von denen sich viele Dinosaurier ernährten. Pflanzenfresser wie die Stegosaurier vertilgten Farne und Palmfarne, und weil sie gigantisch groß werden konnten, fraßen sie gewaltige Mengen. Vielleicht schufen sie so Platz für andere schnellwüchsige Pflanzen.

EIN BLÜHENDER PLANET Vor mehr als 100 Millionen Jahren entwickelten sich die Blütenpflanzen und veränderten das Gesicht der Erde. Ihre Blüten lockten viele Insekten an, die die Bestäubung übernahmen, was das Gedeihen vieler verschiedener Tiere ermöglichte. Die heutigen Pflanzen, von Moosen und Farnen über Nadelbäume bis hin zu den Blütenpflanzen, sind eine Momentaufnahme vieler Millionen Arten, die im Lauf der Evolution entstanden sind.

Die ersten Blüten
Fossilien weisen darauf hin, dass die ersten Blüten heutigen Magnolienblüten ähnelten. Magnolien gehören zu einer sehr alten Pflanzengruppe, und vielleicht wurden sie von Käfern bestäubt wie viele Magnolien heute.

Lebewesen werden in Gruppen eingeteilt, die man z. B. als Gattungen, Familien und Ordnungen bezeichnet. Grundlage dieses Systems ist der genetische Verwandtschaftsgrad. Forschende analysieren DNA, um herauszufinden, wie sich die Pflanzen entwickelt und das Land besiedelt haben.

DYNASTIEN DER PFLANZEN

Für Pflanzen war es nicht einfach, das Wasser zu verlassen und das Festland zu besiedeln. Später eroberten sie fast jeden Landlebensraum der Erde. Zunächst brauchten sie eine Schutzschicht, die verhinderte, dass sie austrockneten. Dann entwickelte sich das Xylem, ein spezielles Gewebe, das Wasser leitet. Ein sonderbares moosähnliches Gewächs namens *Zosterophyllum* war eine der ersten Pflanzen, die Leitgewebe besaßen, in denen Wasser transportiert wurde. Dieser Schritt ging der nächsten Dynastie voran: den Bärlappgewächsen.

Bärlappgewächse gibt es noch heute, aber diese kleinen Arten sind Miniaturausgaben ihrer Vorläufer. Urzeitliche Bärlappgewächse gehörten zu den ersten Pflanzen, die Wurzeln, Stängel und Blätter ausbildeten, die denen heutiger Pflanzen ähnelten, und vor etwa 350 Millionen Jahren ragten diese Pflanzen hoch in den Himmel. Baumförmige Bärlappe bildeten vom Devon bis zum Perm (vor 388–254 Millionen Jahren) große Wälder. Sie wuchsen rasch, weil der Erdboden warm und feucht war. Die Überreste dieser gewaltigen Pflanzen bildeten Torf, der sich allmählich in Kohle verwandelte.

Diese frühen Pflanzendynastien bereiteten den Weg für die Entwicklung der Farne, der Samenpflanzen und schließlich der Blütenpflanzen, von denen es noch heute sehr viele Arten gibt.

GROSSE BLÄTTER ENTWICKELN SICH

Vor etwa 350 Millionen Jahren entwickelten sich größere, flachere und komplexere Blätter mit vielen Gefäßen, die man als Megaphylle bezeichnet. Die Dynastie der Pflanzen mit großen Blättern veränderte die Atmosphäre der Erde entscheidend und beeinflusste alle anderen Lebewesen. *Eophyllophyton*, eine heute ausgestorbene Pflanze, war eines der ersten Gewächse mit Megaphyllen.

VOM WASSER AUFS LAND

ZOSTEROPHYLLUM

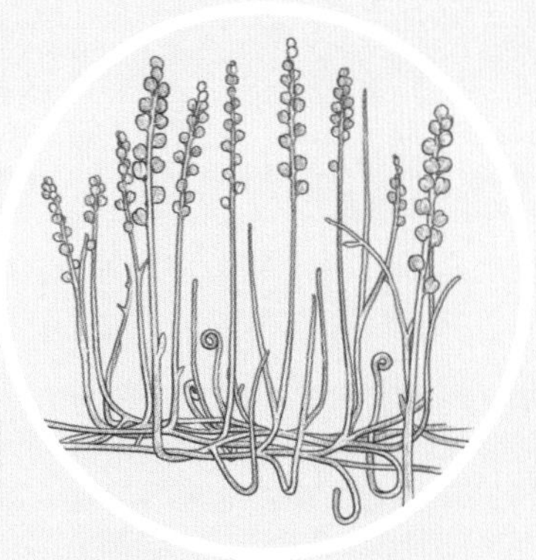

1.

Einige Pflanzen entwickelten eine schützende Schicht, die verhinderte, dass sie an Land austrockneten.

2.

Pflanzen bildeten spezielle Gewebe aus, in denen sie Wasser aus dem Boden nach oben transportierten und gingen Symbiosen mit Pilzen ein.

SIGILLARIA

3.

Erste Pflanzen bildeten Wurzeln, Stängel und Blätter aus. Im Lauf der Zeit wurde die Vegetation höher.

4.

Nachdem die Pflanzen das Land besiedelt hatten, entwickelten sich allmählich riesige Wälder. Ihre Überreste bildeten Torf, der sich im Lauf der Zeit in Kohle verwandelte.

5.

Die Sporenpflanzen wurden vielfältiger und besetzten an Land neue Nischen.

6.

Die Sporenpflanzen bereiteten den Weg für die Entwicklung von Samen- und schließlich von Blütenpflanzen.

Urzeitliche Pflanze
Rinistachya ist eine ausgestorbene Pflanze, deren Fossilien man 2018 in Sedimentgestein in Südafrika entdeckte. Obwohl dieses Gewächs vor etwa 370 Millionen Jahren im späten Devon existierte, ähnelte es bereits heutigen Süßwasseralgen.

Bindeglied zwischen Algen und Landpflanzen
Die Armleuchteralgen (*Chara*) sind eine Gruppe, die noch heute im Süßwasser vorkommt. Anders als die meisten Algen haben diese ursprünglichen pflanzenähnlichen Lebewesen stiel- und blattähnliche Organe und erinnern an Landpflanzen. Ähnlich sahen vermutlich die ersten Pflanzen aus, die das Festland besiedelten.

Pflanzen herrschen in fast allen Lebensräumen vor, auch im Wasser. Algen waren die ersten pflanzenähnlichen Lebewesen, die sich entwickelten, und noch heute wachsen sie in fast jedem Teich, Sumpf, See und Ozean.

ALGEN IM WASSER

Als »Algen« bezeichnet man vielfältige Lebewesen, von denen viele nicht näher verwandt sind und nach genauer Definition nicht als echte Pflanzen gelten. Zu ihnen zählen winzige einzellige Algen in Pfützen wie auch Unterwasserwälder aus Riesentangen, die zu den am schnellsten wachsenden Lebewesen gehören. Algen bilden keine Blüten, aber ihre Erforschung trägt entscheidend dazu bei, die Entwicklung der Pflanzen zu verstehen.

Rotalgen und Seetange sind an das Leben im Wasser angepasst. Riesentange beispielsweise besitzen mit Gas gefüllte Blasen, die ihnen Auftrieb verleihen, und viele Algen bilden wurzelähnliche Strukturen aus, die man als Rhizoide bezeichnet. Mit ihnen verankern sie sich am Meeresgrund, um nicht von der Strömung fortgetrieben zu werden. Algen bilden weltweit einen wichtigen Lebensraum in marinen Ökosystemen.

Grünalgen wachsen im Süßwasser, wie in Flüssen, Bächen und Seen, und auch in jedem Gartenteich. Sie sind bedeutender, als sie vielleicht aussehen. Die Charophyten etwa sind eine Algengruppe, die es seit mindestens 450 Millionen Jahren gibt. Sie existierten bereits etwa 200 Millionen Jahre vor den ersten Dinosauriern und es gibt sie noch immer, während sich die Welt um sie herum rasch verändert. Obwohl man es sich kaum vorstellen kann, haben sich alle Landpflanzen aus einem Vorfahren entwickelt, der diesen heutigen Algen ähnelte.

Vor etwa 470 Millionen Jahren verließen die ersten Pflanzen das Wasser und besiedelten das Festland. Bis heute gibt es Nachfahren dieser Pioniere: Die Moose und ihre Verwandten bilden unter unseren Füßen Miniatur-Wälder.

LAUB- UND LEBERMOOSE

Heute gehören zu den Moosen die Laub-, Leber- und Hornmoose. Moose waren die ersten Pflanzen, die von urzeitlichen Sümpfen aus das Land besiedelten. Wenn Sie sich Baumstämme und Dachziegel genauer ansehen, entdecken Sie sehr wahrscheinlich einige dieser kleinen, ursprünglichen Pflanzen.

SPORENPFLANZEN Moose bilden weder Blüten noch Samen, denn sie gehören zu einer Gruppe, die es bereits gab, bevor sich diese Strukturen entwickelten. Stattdessen bilden sie Sporen (einzellige Fortpflanzungseinheiten, die sich vor den Samen entwickelten). *Marchantia* zum Beispiel bringt schirmförmige Gebilde hervor, aus denen die Sporen entlassen werden (siehe gegenüber).

Zu den häufigsten Laubmoosen, die man in fast jedem Moor und Sumpf findet, gehören die Torfmoose (*Sphagnum*), die große grüne oder rötliche Polster bilden. In ihrem schwammigen Gewebe können sie sehr viel Wasser speichern. Weil diese Moose an der Basis absterben, lagern sich dicke Torfschichten ab. Im Torf, der von *Sphagnum*-Moosen gebildet wurde, sind enorme Mengen Kohlenstoff gespeichert, weshalb die Torfmoose von großer ökologischer Bedeutung sind. Man bezeichnet sie als Ökosystem-Ingenieure. Fleischfressende Pflanzen wie Sonnentau-Arten (siehe S. 183) kommen in Mooren zwischen den Torfmoosen vor.

Marchantia
Dieses Lebermoos bildet einen sogenannten Thallus aus, der sich am Boden ausbreitet. Wenn er ein bestimmtes Alter erreicht, erscheinen schirmförmige Gebilde, in denen entweder Spermatozoiden oder Eizellen heranreifen. Nach der Befruchtung entwickeln sich Sporen.

Dawsonia
Auch Laubmoose bilden weder Blüten noch Früchte mit Samen. Sie haben auch keine Wurzeln oder Leitgewebe und können deshalb nicht sehr groß werden. *Dawsonia* ist das größte Laubmoos der Welt. Es kommt in Australien und Südostasien in feuchten Wäldern vor und wird etwa 60 cm hoch.

Cyathea
Dieser Baumfarn gehört zu einer Pflanzengruppe, die sich vor Hunderten Jahrmillionen entwickelte und älter als die Dinosaurier und die Samen- und Blütenpflanzen ist. Wie die Laub- und Lebermoose, die auf den vorherigen Seiten besprochen wurden, vermehren sich auch Farne mit Sporen.

Farne entwickelten sich erstmals im Devon vor etwa 400 Millionen Jahren und herrschten in den nächsten 100 Millionen Jahren vor. Die heutigen Farne sind die Überlebenden eines untergegangenen Reichs.

FARNWÄLDER

Lange vor der Entwicklung der Blütenpflanzen streiften Dinosaurier durch Farnlandschaften. Wie die Moose (siehe S. 22) vermehrt sich die uralte Pflanzengruppe der Farne mit Sporen und bildet keine Samen. Die Farne waren sehr erfolgreich, und noch heute gehören sie mit weltweit etwa 10 000 Arten zu den vielfältigsten Pflanzengruppen. Einige Arten wachsen als Epiphyten (Aufsitzerpflanzen) auf den Ästen von Bäumen, während andere zu großen Bäumen heranwachsen. Algenfarne (*Azolla*) passen auf eine Fingerspitze und treiben auf dem Wasser. Ihre Anpassungsfähigkeit machte die Farne so erfolgreich.

Man hat viele versteinerte Farnwedel gefunden. *Wattieza* war ein urzeitlicher Farnverwandter, der vor 400 bis 80 Millionen Jahren existierte und eine Höhe von 8 m erreichte, ähnlich wie die Baumfarne, die es noch heute gibt. *Wattieza* gehörte zu den Vorfahren der Farne, die viel Laubstreu auf dem Boden bildeten, was für andere Pflanzen und Tiere von großer ökologischer Bedeutung war. Ein weiterer ausgestorbener Baumfarn mit enormen Ausmaßen war *Psaronius*, dessen kolossaler Stamm fast einen Meter Durchmesser erreichen konnte.

Baumfarne der Gattung *Cyathea* gab es bereits vor 237 Millionen Jahren. Weil sie noch heute zusammen mit Moosen in feuchten Wäldern wachsen, bezeichnet man sie als lebende Fossilien.

Den echten Farnen ging die ausgestorbene Pflanzengruppe der Samenfarne voraus. Diese farnähnlichen Gewächse gehörten zu den ersten Pflanzen, die Samen bildeten, und dank der robusten Samenschalen konnten sie trockenere Lebensräume besiedeln. Sie waren die Vorläufer derjenigen Pflanzen, die heute in nahezu jedem Lebensraum auf der Erde vorherrschen.

Heute gibt es weltweit nur noch etwa 20 Schachtelhalmarten. Sie sind die letzten Überlebenden einer Pflanzengruppe, die mehr als 100 Millionen Jahre lang auf dem Festland vorherrschte.

URZEITLICHE WÄLDER

Schachtelhalme haben Sie sicherlich schon in Wäldern, Wiesen und Gärten gesehen, denn sie sind recht häufig. Die Arten, die es noch heute gibt, sind eher klein, aber ihre Vorfahren ragten baumhoch auf. Ihre dicken Stämme waren mit spiralig angeordneten Blättern besetzt, die von pflanzenfressenden Dinosauriern abgeweidet wurden.

Calamites war ein baumartiger Schachtelhalm, der vom Devon bis ins Karbon (vor 359–315 Millionen Jahren) in Sumpflandschaften wuchs. Seine zylindrischen Stämme ragten bis zu 30 m hoch auf und mit seinen unterirdischen Ausläufern konnte er große Gebiete besiedeln. Ein anderer Schachtelhalm dieser Zeit war *Pseudobornia*, der viele mit Blättern besetzte Äste hatte. Diese frühen Bäume wuchsen in Sümpfen, in denen enorm große Amphibien lebten.

Schließlich änderten sich die Bedingungen auf der Erde, sodass baumhohe Schachtelhalme nicht mehr gut gediehen. Die Wälder verschwanden und Blütenpflanzen besiedelten neue Lebensräume.

LEBENDES FOSSIL Der Acker-Schachtelhalm (*Equisetum arvense*) ist in vielen Regionen der Erde häufig, vor allem auf der Nordhalbkugel. Man sieht ihn oft in feuchten Wiesen, und mancherorts gilt er als Unkraut. Der Riesen-Schachtelhalm (*E. telmateia*) ist viel größer und kommt an ähnlichen Standorten vor. Zu den höchsten heutigen Schachtelhalmarten gehört *E. myriochaetum*, der mehrere Meter hoch wird. In Amerika, wo er heimisch ist, bildet er große Bestände.

SPOROPHYLLSTÄNDE
Schachtelhalme vermehren sich wie Farne mit Sporen. Bei den meisten Farnen reifen die Sporen an der Unterseite der Wedel. Schachtelhalme jedoch bilden Strukturen, die man Sporophyllstände nennt. Sie enthalten kein Chlorophyll und sind von den beblätterten Sprossen abgesetzt. Oft stehen sie völlig getrennt.

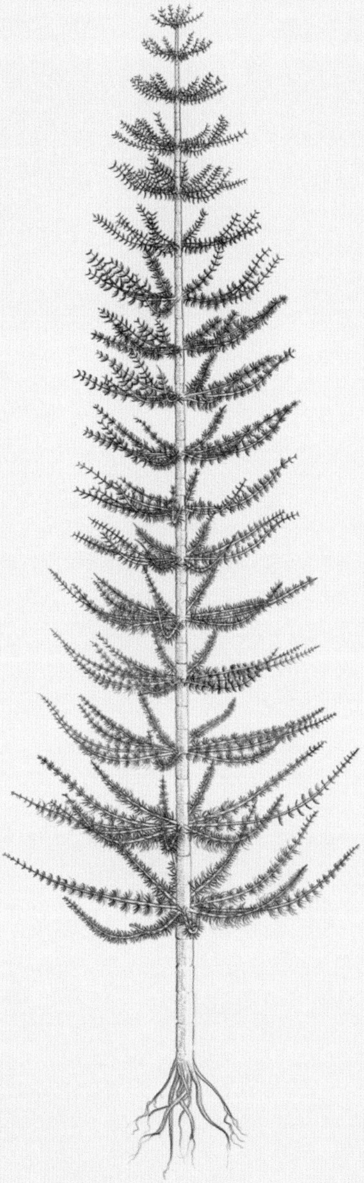

Calamites
Dieser urzeitliche Schachtelhalm wuchs einst in riesigen Sümpfen und an sandigen Flussufern. Anders als die heutigen Schachtelhalme wurde er bis 30 m hoch und bildete lange und dicke unterirdische Ausläufer. So besiedelte er vor 360–250 Millionen Jahren das Festland.

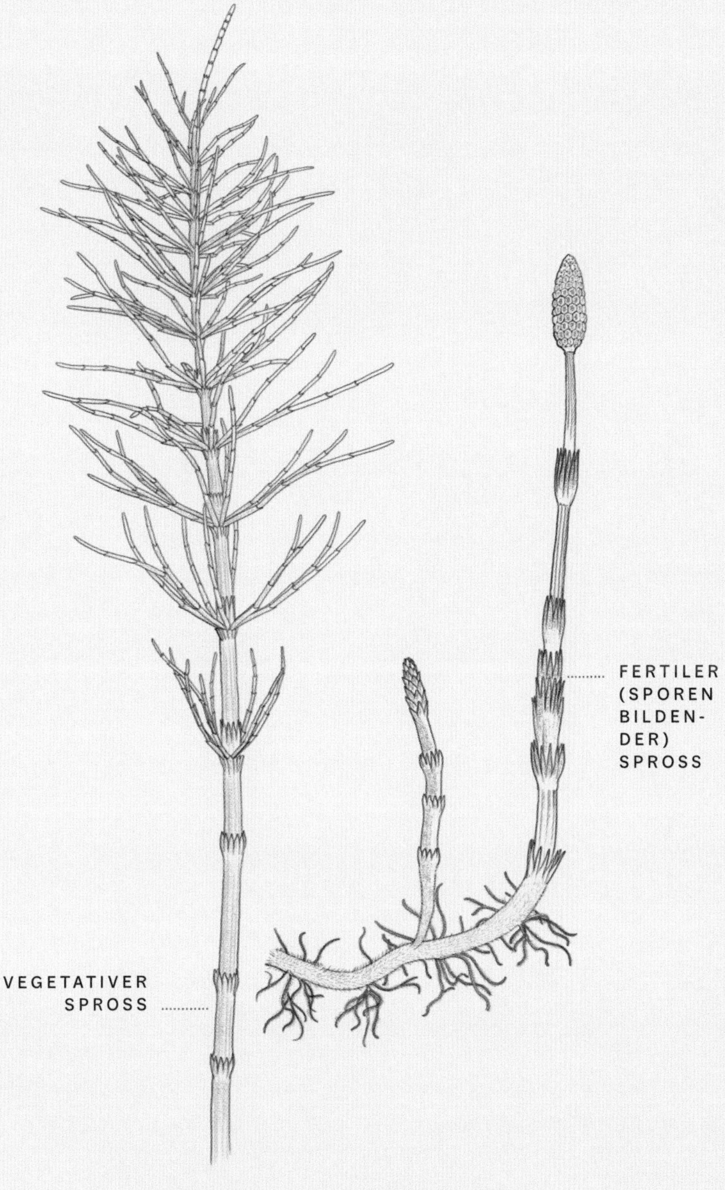

Acker-Schachtelhalm (*Equisetum arvense*)
Die Pflanze ist in den gemäßigten Breiten auf der Nordhalbkugel häufig und wächst in feuchten Wäldern, auf Wiesen und Feldern und an Bachufern. In Gärten wird man diesen Schachtelhalm oft kaum wieder los. Im antiken Rom bereitete man seine Sprosse ähnlich wie Spargel zu.

Bennettitales
Diese Gruppe palmenähnlicher Samenpflanzen gab es vor 252–66 Millionen Jahren. Sie entwickelten sich in der Trias, einer Zeit heftiger Vulkanausbrüche und Klimaveränderungen. Viele Bennettitales hatten kräftige, verholzte Stämme und ähnliche Blätter wie Palmfarne. Sie bildeten zapfenähnliche Strukturen, die vielleicht von Insekten besucht wurden.

Samen können ruhen, bis die Wachstumsbedingungen wieder besser werden. Pflanzen, die Samen bildeten, waren deshalb unabhängiger vom Wasser und konnten in der Urzeit neue Lebensräume besiedeln.

ENTWICKLUNG DER SAMEN

Einen Samen kann man sich als einen Pflanzenembryo in einer robusten Hülle vorstellen. Dank der Samenschale kann der Samen ungünstige Zeiten überstehen, die lange dauern können – in einzelnen Fällen sogar mehrere Jahrtausende. Sporenpflanzen brauchten nasse Lebensräume, um sich fortzupflanzen, während die Samenpflanzen schließlich fast das gesamte Festland besiedeln konnten. Als sie sich ausbreiteten, verwandelten sie die Erde für immer.

Die Bennettitales (gegenüber), die sich vor etwa 300 Millionen Jahren entwickelten, gehörten zu den ersten Samenpflanzen. Diese kleinen Bäume ähnelten Palmen oder Palmfarnen. Etwa 100 Millionen Jahre später, irgendwann im Jura, erschien eine andere frühe Samenpflanze namens *Caytonia*. Ihre Samen hatten eine fleischige Ummantelung. Diese Pflanzen waren die Vorläufer der sehr bedeutenden Pflanzengruppe der Gymnospermen oder Nacktsamer.

BESIEDLUNG DES FESTLANDS Heute wachsen Gymnospermen überall. Zu diesen Zapfen bildenden Pflanzen gehören die Nadelbäume (wie Eiben und Kiefern), die Palmfarne und der bekannte Ginkgo, der sich im Lauf der Evolution kaum verändert hat und ein lebendes Fossil ist. Die Nadelbäume waren besonders erfolgreich. Diese Baumgruppe gab es 300 Millionen Jahre lang, während die Kontinente verdrifteten und das Klima sich veränderte, und in einigen Lebensräumen dominieren sie noch heute. Zu ihnen gehören die höchsten Lebewesen der Erde: »Hyperion« heißt ein berühmter Küstenmammutbaum (*Sequoia sempervirens*), und Langlebige Kiefern (*Pinus longaeva*), die in den Gebirgen im Westen der Vereinigten Staaten wachsen, können Jahrtausende alt werden.

Vor 130 Millionen Jahren, in der Kreidezeit, veränderte sich die Erde wieder. Die alten Wälder verschwanden und eine neue und sehr erfolgreiche Gruppe breitete sich aus: die Blütenpflanzen. Danach war Leben auf der Erde nie wieder so wie zuvor.

GROSSE VERÄNDERUNGEN

Charles Darwin beschrieb das plötzliche Auftauchen der Blütenpflanzen (Angiospermen) im Fossilbeleg als »ein entsetzliches Rätsel«. Noch heute ist dieses Rätsel nicht vollständig gelöst.

Blüten bilden Pollen, der bei den meisten Blütenpflanzenarten auf die Blüten einer anderen Pflanze übertragen werden muss, damit eine Bestäubung und Befruchtung stattfinden kann. Pflanzen nutzten Insekten als Kuriere, die den Pollen von Blüte zu Blüte transportierten. Seit der mittleren Kreidezeit herrschen die Blütenpflanzen in fast jedem Lebensraum an Land vor. Vielleicht konnten sich die schnellwüchsigen Blütenpflanzen rascher erholen als die Gymnospermen, wenn sie von Dinosauriern abgefressen wurden. Wie auch immer, sie wurden zur erfolgreichsten Pflanzengruppe der Erde: Heute sind etwa 90 Prozent aller Pflanzen Blütenpflanzen.

IM JURA

Die Blütenpflanzen entwickelten sich, als die Dinosaurier auf der Erde lebten. Aber obwohl die meisten frühen Fossilien, wie die von *Archaeanthus* und *Lesqueria*, aus der Kreide stammen, vermuten einige Forschende, dass sich die ersten Blütenpflanzen bereits im Jura entwickelten. *Nanjinganthus* beispielsweise ist eine sonderbare Pflanze, die es vermutlich bereits im Jura vor 174 Millionen Jahren gab.

VERSTEINERTE BLÜTEN Die Früchte der ersten Blütenpflanzen sind häufiger als Fossilien erhalten als ihre Blüten. Zu den am besten erhaltenen Früchten gehören die einer ungewöhnlichen Pflanze namens *Archaeanthus*, die vor 100 Millionen Jahren wuchs. Sie standen in zapfenähnlichen Strukturen. Eine andere seltsame versteinerte Blütenpflanze der Kreidezeit war *Lesqueria*. Auch sie bildete dicht stehende Früchte. Diese versteinerten Pflanzen erlauben uns Einblicke in eine faszinierende urzeitliche Landschaft.

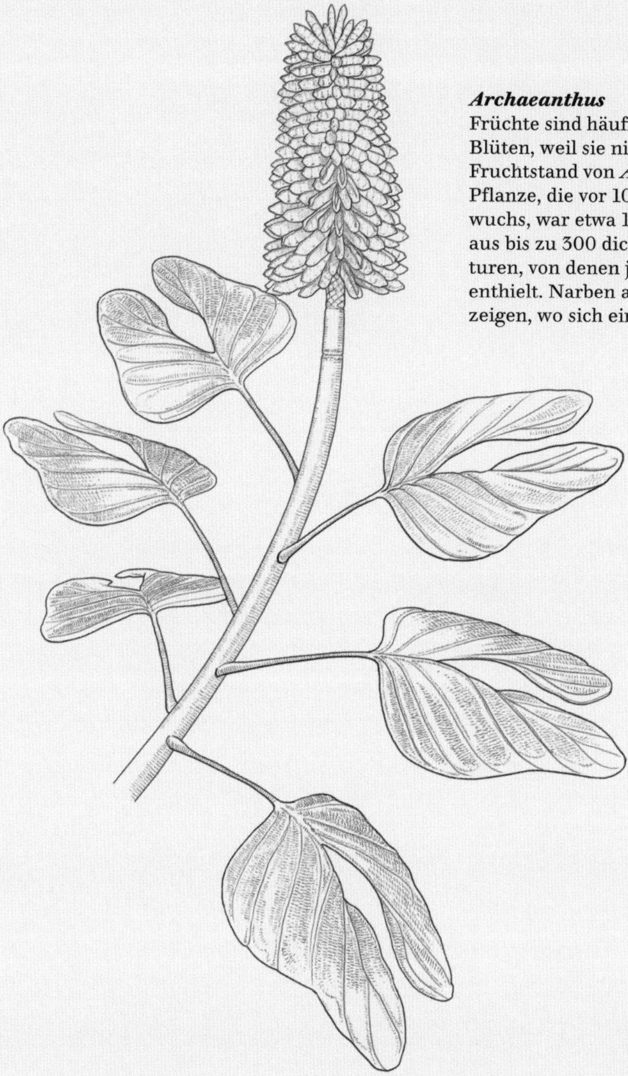

Archaeanthus
Früchte sind häufiger versteinert als Blüten, weil sie nicht so zart waren. Der Fruchtstand von *Archaeanthus*, einer Pflanze, die vor 100 Millionen Jahren wuchs, war etwa 15 cm hoch und bestand aus bis zu 300 dicht gepackten Strukturen, von denen jede etwa 100 Samen enthielt. Narben an diesen Strukturen zeigen, wo sich einst die Blüten befanden.

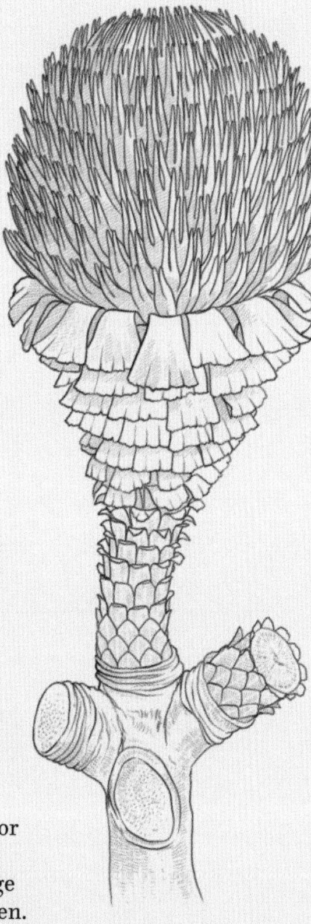

Lesqueria
Wie *Archaeanthus* wuchs dieser Strauch vor 100 Millionen Jahren. Er bildete ähnliche Blüten wie Magnolien und etwa 10 cm lange Früchte, die Hunderte von Samen enthielten. Unter dem Fruchtstand saßen viele rautenförmige Anhänge. Diese seltsame Pflanze wuchs zu einer Zeit, als die Dinosauriergruppe der Ornithopoden in den Wäldern unterwegs war.

Auswertungen von DNA-Sequenzierungen zeigen, dass einige Hundert ursprüngliche Pflanzen, die es noch heute gibt, die Ersten waren, die im Stammbaum von den anderen Blütenpflanzen abzweigten.

URSPRÜNGE DER BLÜTENPFLANZEN

Blütenpflanzen mit ursprünglichen Merkmalen bezeichnet man wissenschaftlich als basale Angiospermen. Sie können uns Hinweise liefern, wie die Blütenpflanzen die Vorherrschaft im Pflanzenreich erlangten. Die ursprünglichste dieser Pflanzen ist ein recht unscheinbar aussehender Strauch namens *Amborella*, der auf der Insel Neukaledonien vorkommt. Vor etwa 130 Millionen Jahren zweigte der Vorfahre dieser Pflanze von den anderen Blütenpflanzen ab. *Amborella* ist deshalb einzigartig.

Illicium ist eine bekanntere Gruppe ursprünglicher Blütenpflanzen. Zu dieser Gattung gehören Bäume und Sträucher, die im östlichen Asien und in Nordamerika in Wäldern vorkommen. Eine Art wird unter dem Namen »Sternanis« als Gewürz verwendet. Andere nordamerikanische basale Angiospermen sind die *Schisandra*-Arten, die man auch Spaltkörbchen nennt. Eine *Schisandra*-Art (*S. chinensis*) ist in Wäldern im nördlichen China, im Osten Russlands und in Korea heimisch. Man nennt sie auch die »Fünf-Geschmäcker-Beere«, weil ihre Früchte gleichzeitig salzig, süß, sauer, scharf und bitter schmecken.

Die Osterluzeigewächse (Aristolochiaceae) sind eine weitere Familie ursprünglicher Blütenpflanzen mit etwa 500 Arten, die weltweit verbreitet sind. Die Gewöhnliche Osterluzei (*Aristolochia clematitis*) ist in Mitteleuropa und im nördlichen Europa eine eher seltene Wildpflanze. Weil ihre röhrenförmigen, gekrümmten Blüten an eine Gebärmutter erinnern, glaubte man früher, sie könne die Geburtswehen auslösen, daher ihr englischer Name »Birthwort«.

Amborella trichopoda
Dieser Regenwaldstrauch kommt nur auf der Inselgruppe Neukaledonien im Südpazifik vor, auf der sich die klimatischen Bedingungen seit Jahrmillionen kaum verändert haben. *Amborella* sieht eher unscheinbar aus, aber sie liefert uns Hinweise darauf, wie sich die ersten Blüten entwickelt haben. Vor etwa 130 Millionen Jahren zweigten ihre Vorfahren im Stammbaum von den anderen Blütenpflanzen ab.

Aristolochia grandiflora
Einige Osterluzeigewächse sehen sehr sonderbar aus. Die Blüten dieser tropischen Kletterpflanze sind so groß wie Essteller.

Gigantische Schwimmblätter
Keine andere Pflanze bildet so große Blätter aus wie die Amazonas-Riesenseerose (*Victoria amazonica*), die in Gewässern im Amazonasgebiet häufig ist. Die Schwimmblätter sind riesige Scheiben mit fast 3 m Durchmesser und beschatten konkurrierende Wasserpflanzen.

Seerosen schwimmen seit fast 100 Millionen Jahren auf Gewässern. Sie bilden wunderschöne Blüten und gehören zu den ursprünglichsten Blütenpflanzen, die es noch heute gibt.

WILDE SEEROSEN

Die Seerosengewächse sind eine Familie mit etwa 70 Arten, die weltweit in Süßgewässern wie Teichen, Seen und Flüssen vorkommen, und das seit vielen Millionen Jahren. Mit ihren Wurzeln sind sie im Grund verankert, und sie haben langstielige Schwimmblätter. Die großen, auffälligen Blüten vieler Arten sind für verschiedene Bestäuber sehr attraktiv, etwa für Bienen, Fliegen und Käfer.

Seerosen sind seit langer Zeit Motive in der Kunst, weil sie außergewöhnlich schön sind. Sie sind die Nationalblumen von Bangladesch, Sri Lanka und dem Iran, und der französische Impressionist Claude Monet stellte sie auf seinen berühmten Gemälden dar. Die Blattunterseite einer Amazonas-Riesenseerose inspirierte den Botaniker und Architekten Joseph Paxton im 19. Jahrhundert, als er den Kristallpalast entwarf, der in London erbaut wurde. Heute interessieren sich Forschende und Ingenieure für die Seerosen, denn ihre Schwimmblätter liefern Anregungen für schwimmende Offshore-Solarmodule (siehe S. 261). Was könnte für solche Konstruktionen inspirierender sein als ein natürliches Solarpanel, das während Jahrmillionen der Evolution erprobt wurde?

SAMENVERBREITUNG Gelb blühende Teichrosen (*Nuphar*) sind in Teichen und Flüssen auf der Nordhalbkugel häufig. Ihre Samen sind mit einer Schleimschicht bedeckt, in der Luftblasen eingeschlossen sind, sodass sie ein schwimmendes Floß bilden. Sie treiben im Wasser, bis das Floß schließlich zerfällt und die Samen auf den schlammigen Gewässergrund sinken und dort keimen. Die neue Pflanze wächst deshalb an einem Standort heran, der weit von der Elternpflanze entfernt ist und macht ihr keine Konkurrenz.

Die Blütenpflanzen eroberten die Erde, besiedelten fast jeden Lebensraum und verdrängten viele ihrer Vorgängerpflanzen. Heute gibt es zwei Hauptgruppen, zu denen außer den basalen Angiospermen alle Blütenpflanzen gehören: die Monokotyledonen (Einkeimblättrigen) und die Eudikotyledonen. Die meisten Wildpflanzen, die man bei uns sieht, gehören zu einer dieser beiden Gruppen.

MONOKOTYLEDONEN UND EUDIKOTYLEDONEN

VIELFÄLTIGE EINKEIMBLÄTTRIGE Die Monokotyledonen oder einkeimblättrigen Pflanzen entwickelten sich früh in der Evolution der Blütenpflanzen. Zu ihnen gehören viele Arten und Sorten, die uns Lebensmittel liefern, wie Bananenstauden, Reis, Weizen und Mais, Ingwer und die Palmen. Andere Arten sind sonderbarer und manche – wie wir später sehen werden – regelrecht bizarr. Einkeimblättrige haben typischerweise Blätter mit parallelen Adern und wenn ein Samen keimt, entwickelt sich ein einziges Keimblatt. Die Blütenorgane sind 3-zählig. Bekannte einkeimblättrige Wildblumen sind Krokusse, Narzissen, Iris und Lilien. Auch Orchideen sind Einkeimblättrige. Die Familie der Orchideen (Orchidaceae) ist mit etwa 30 000 Arten die größte Pflanzenfamilie.

DOMINANTE EUDIKOTYLEDONEN Drei Viertel aller Blütenpflanzen sind Eudikotyledonen. Sie sind heute die vielfältigste Pflanzengruppe und man findet sie in fast jedem natürlichen Lebensraum. Eudikotyledonen haben typischerweise Blätter mit Netzäderung und 4-, 5- oder 7-zählige Blüten. Der Keimling hat zwei Keimblätter. Bekannte Eudikotyledonen, die uns Nahrungsmittel liefern, sind Apfelbäume, Kohl, Sojabohnen und Sonnenblumen. Zu den bekannten Wildpflanzen gehören Mohn, Gänseblümchen, Hahnenfuß, Schlüsselblumen und fast alle Laubbäume.

KONVERGENTE EVOLUTION

Die Indische Lotosblume (*Nelumbo nucifera*) ähnelt einer Seerose, aber sie gehört zu den Eudikotyledonen. Auch die Zuckerbüsche und Platanen gehören zu dieser Gruppe, die früh in der Evolution von den anderen Eudikotyledonen abzweigte. Die Samen der Lotosblume überleben mitunter mehr als 1000 Jahre lang. Nicht verwandte Gruppen können durch konvergente Evolution ähnliche Anpassungen entwickeln (siehe S. 54–55).

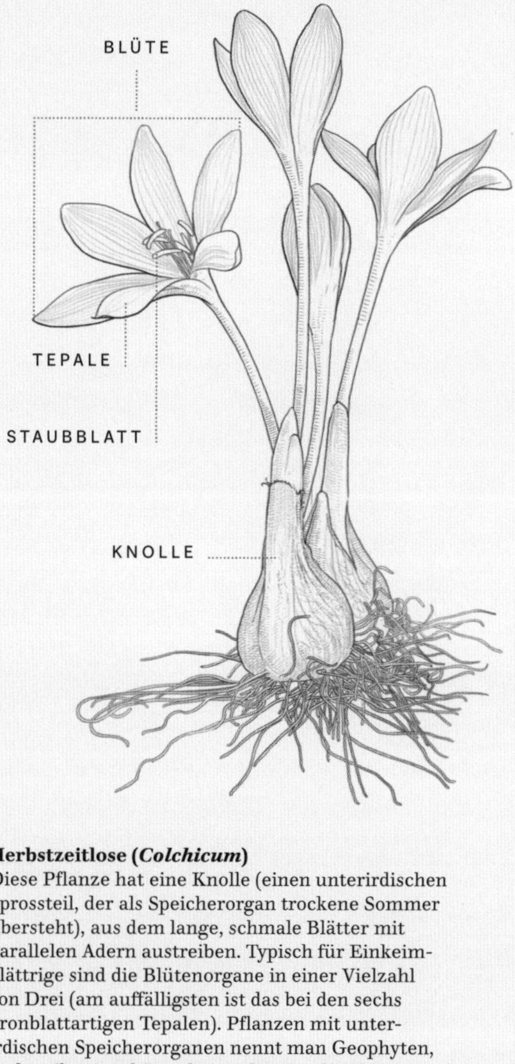

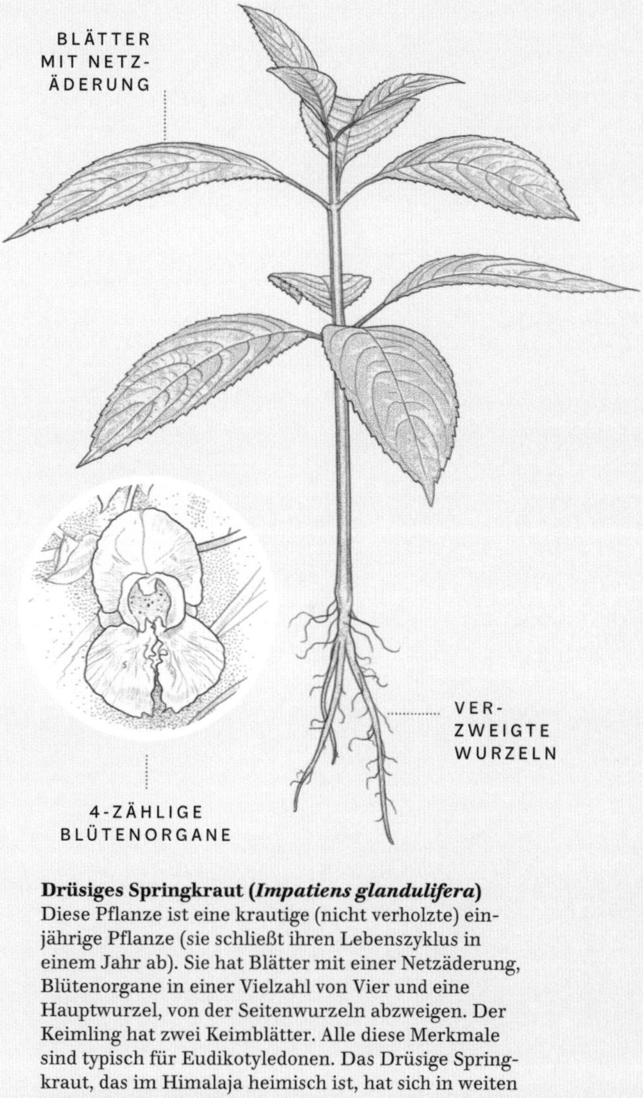

Herbstzeitlose (*Colchicum*)
Diese Pflanze hat eine Knolle (einen unterirdischen Sprossteil, der als Speicherorgan trockene Sommer übersteht), aus dem lange, schmale Blätter mit parallelen Adern austreiben. Typisch für Einkeimblättrige sind die Blütenorgane in einer Vielzahl von Drei (am auffälligsten ist das bei den sechs kronblattartigen Tepalen). Pflanzen mit unterirdischen Speicherorganen nennt man Geophyten, und zu ihnen gehören beispielsweise die Narzissen, Tulpen, Lilien und Krokusse.

Drüsiges Springkraut (*Impatiens glandulifera*)
Diese Pflanze ist eine krautige (nicht verholzte) einjährige Pflanze (sie schließt ihren Lebenszyklus in einem Jahr ab). Sie hat Blätter mit einer Netzäderung, Blütenorgane in einer Vielzahl von Vier und eine Hauptwurzel, von der Seitenwurzeln abzweigen. Der Keimling hat zwei Keimblätter. Alle diese Merkmale sind typisch für Eudikotyledonen. Das Drüsige Springkraut, das im Himalaja heimisch ist, hat sich in weiten Teilen der Nordhalbkugel ausgebreitet und ist in vielen Gegenden invasiv.

Ecballium elaterium

KAPITEL II

LEBEN

WILDPFLANZEN existieren in einer außergewöhnlichen Formenvielfalt. Sie bilden komplexe Gemeinschaften, die sich angepasst haben, um den Elementen zu trotzen. Blütenpflanzen haben erstaunliche Anpassungen entwickelt, um schwierige Bedingungen zu überleben und eine Fremdbestäubung zu sichern, damit sie Samen bilden können. Diese Pflanzen sind die Basis für alle Ökosysteme an Land.

Die etwa 300 000 Blütenpflanzenarten sind faszinierend vielfältig, ihre Blüten gibt es in allen Formen und Größen. Die kleinsten haben weniger als 1 mm Durchmesser, die größten mehr als 1 m. Trotz dieser Vielfalt weisen alle Blüten bestimmte Strukturen auf.

TEILE EINER BLÜTE

Blüten bestehen aus verschiedenen Blattkreisen – typischerweise sind es vier. Der Kelch z. B. besteht aus Kelchblättern (blattartigen schützenden Strukturen); die Krone aus Kronblättern (die oft auffällig gefärbt sind und Bestäuber anlocken); das Androeceum aus Staubblättern (die Pollen bilden) und das Gynoeceum aus Fruchtblättern (die, wenn eine Bestäubung und Befruchtung stattfindet, zu einer Frucht mit Samen heranreifen).

Um eine Blüte bestimmen zu können, ist es wichtig, die einzelnen Teile zu erkennen. Bei einer Gruppe nah verwandter Arten zum Beispiel können die Merkmale des Kelchs variieren. Bei einer anderen Gruppe sind die Staubfäden unterschiedlich stark behaart. Die Teile einer symmetrischen, »perfekten« Blüte (die männliche und weibliche Blütenteile besitzt) sind oft leicht zu erkennen, während andere Blüten, wie z. B. die der Gräser, kompliziert aufgebaut sind. Wenn man Blütenpflanzen in der Natur bestimmen will, ist es wichtig, die Blütenteile der verschiedenen Pflanzenfamilien gut zu kennen.

Teile einer Blüte
Die meisten Blüten (hier ist eine Lilie dargestellt) bestehen aus verschiedenen Teilen, wie: ***Blütenboden*** Ein verdickter Teil des Blütenstiels, der die Blütenteile trägt. ***Blütenstiel*** Der Blütenstiel. ***Kronblätter*** Die Teile der Blüte, die oft auffällig gefärbt sind, um z. B. bestäubende Insekten anzulocken.

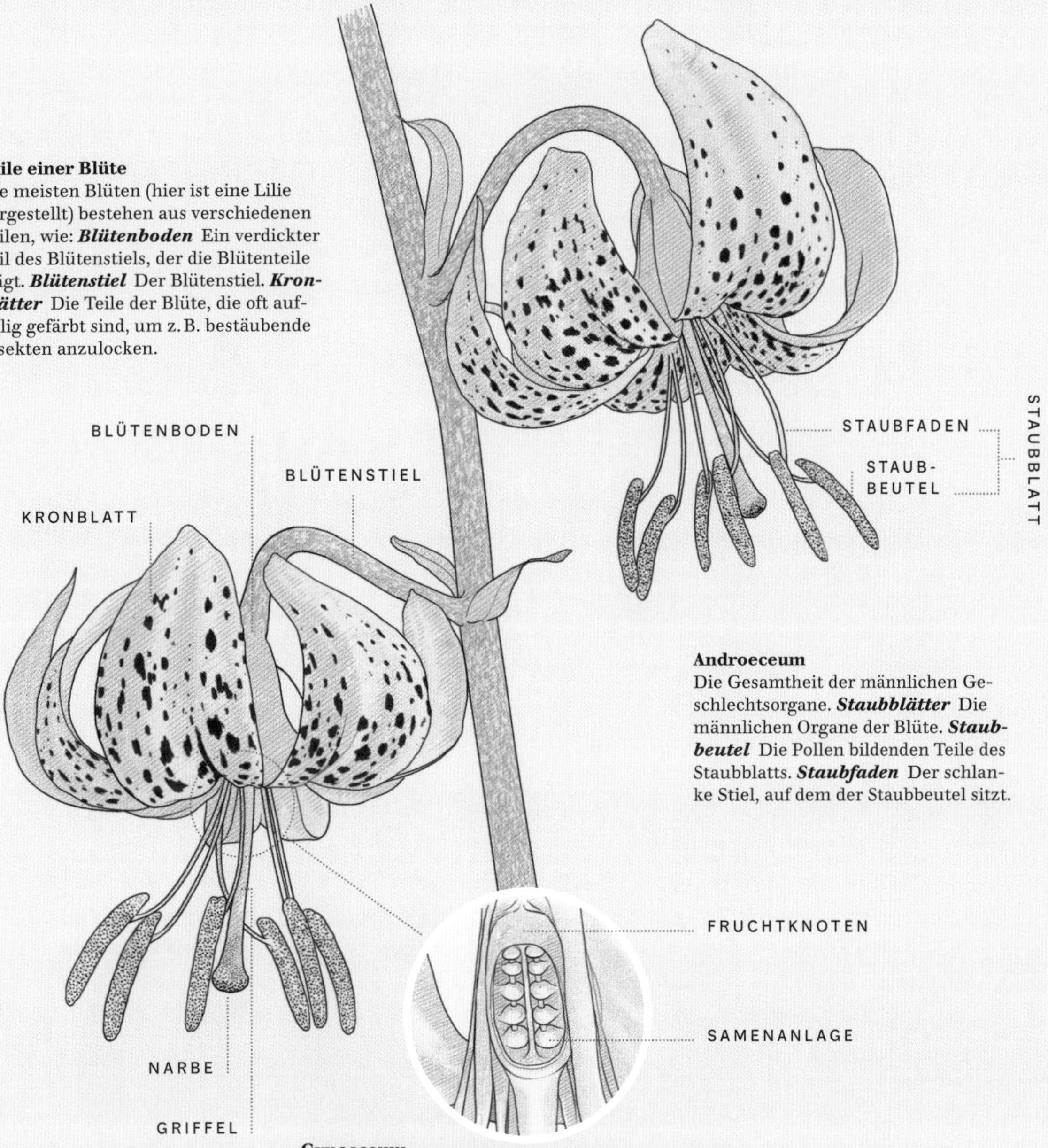

Androeceum
Die Gesamtheit der männlichen Geschlechtsorgane. ***Staubblätter*** Die männlichen Organe der Blüte. ***Staubbeutel*** Die Pollen bildenden Teile des Staubblatts. ***Staubfaden*** Der schlanke Stiel, auf dem der Staubbeutel sitzt.

Gynoeceum
Die Gesamtheit der weiblichen Organe einer Blüte, in diesem Fall ein Stempel. ***Narbe*** Der klebrige Teil des Stempels, auf dem Pollenkörner keimen. ***Griffel*** Der schlanke Stiel, der den Fruchtknoten mit der Narbe verbindet. ***Fruchtknoten*** Enthält die Samenanlagen und reift zu einer Frucht heran. ***Samenanlage*** Der Teil, der sich nach der Befruchtung zu einem Samen entwickelt.

Luftwurzeln von *Hedera* (Efeu)
Die kammartigen Luftwurzeln (Haftwurzeln) von Efeu bilden sich an den kletternden Trieben. Sie heften sich an Felsen, Bäume und Mauern, um die Pflanze zu stützen.

Rhizosphäre von *Dicentra*
Wurzelnetzwerke durchdringen den Boden. Diese dynamische Schnittstelle zwischen Wurzeln und Boden bezeichnet man als Rhizosphäre. Wurzeln bilden oft Symbiosen mit Mykorrhizapilzen aus, sodass in der Rhizosphäre mehr Nährstoffe aufgenommen werden können.

KOMMUNIKATION

Pflanzen kommunizieren über ihre Wurzeln. Sie geben chemische Stoffe in die Rhizosphäre ab, die Bodenschicht, in der die Wurzeln interagieren. Diese Stoffe, die sogenannten Wurzelexsudate, dienen als Signale zwischen den verschiedenen Pflanzen in einem Habitat.

Unter unseren Füßen befindet sich ein ganzes Universum. Wurzeln breiten sich aus und reichen bis zu 60 m tief in den Boden. Sie ermöglichen der Pflanze den Wettstreit um das Licht. Aber Wurzeln können mehr, als man ihnen ansieht: Sie kommunizieren sogar!

WURZELN

Wurzeln sind normalerweise die Teile einer Pflanze, die man kaum oder gar nicht sieht, und deshalb vergisst man sie leicht. Für die meisten Pflanzen sind sie jedoch lebenswichtig. Ihre Hauptfunktion ist es, Wasser und Nährstoffe aufzunehmen und die Pflanze im Boden zu verankern. Aber trotz dieser allgemeinen Aufgabe gibt es sie in einer außerordentlichen Vielfalt von Formen und Größen. Dies sind einige Beispiele, die im Pflanzenreich weit verbreitet sind:

PFAHLWURZEL Eine zentrale, dominante, nach unten gerichtete Wurzel, aus der Seitenwurzeln austreiben. Die Pfahlwurzel ist typischerweise lang und verdickt, weil in ihr Nährstoffe oder Wasser gespeichert werden. Löwenzahn hat beispielsweise eine Pfahlwurzel.

ADVENTIVWURZELN Wurzeln, die sich aus Gewebe bilden, das nicht zur Wurzel gehört, wie an der Sprossachse oder am Stamm. Die Zweige von Weiden z. B. bilden bei feuchten Bedingungen spontan Adventivwurzeln.

LUFTWURZELN Diese Wurzeln bilden sich nicht im Boden. Viele Kletterpflanzen haben Luftwurzeln. Tatsächlich nehmen viele Luftwurzeln Wasser und Nährstoffe direkt aus der Luftfeuchtigkeit oder aus Nebel oder Tau auf.

WURZELKNOLLEN Fleischige Strukturen, wie die Knollen von Dahlien, in denen Nährstoffe gespeichert werden. Sauerklee gehört zu den Wildpflanzen, die Wurzelknollen bilden.

WURZELKNÖLLCHEN Strukturen bei Hülsenfrüchtlern (Erbsen, Bohnen und ihren Verwandten), in denen Stickstoff fixierende Bakterien leben. Weißklee ist ein bekanntes Beispiel.

Die sonderbaren Prozesse des Pflanzenwachstums faszinieren Forschende und Philosophen seit Jahrtausenden. Tatsächlich variieren die Wachstumsprozesse von Pflanzen über mehrere räumliche Größenordnungen: von der Zelle über die ganze Pflanze bis hin zur Pflanzengesellschaft. Auch in der Zeit variieren sie: Es kann sich um Minuten handeln (die Entfaltung einer Blüte) oder um Jahrhunderte (das Leben eines Baums).

WIE EINE PFLANZE WÄCHST

Eine Pflanze beginnt zu wachsen, wenn ein Samen keimt. Samen ruhen, bis die Bedingungen zum Keimen gut sind, manchmal Jahrzehnte, Jahrhunderte oder sogar Jahrtausende lang. Sie benötigen Wasser, Sauerstoff und die optimale Temperatur, um zu keimen. In einigen Fällen (z.B. bei Orchideen) sind spezielle Pilzpartner nötig. Sobald der Same gekeimt ist, bildet er Wurzeln und durch Gewebewachstum einen Spross, danach Blätter, für die Fotosynthese, und später (bei Blütenpflanzen) Blüten, die fremdbestäubt werden, sodass sich Samen entwickeln können.

Wie bei Tieren wächst auch bei Pflanzen das Gewebe, indem sich die Zellen teilen und ausdifferenzieren. Sie spezialisieren sich auf eine bestimmte Funktion. Das Gewebe wächst in den Stängeln und Wurzeln von abgegrenzten Wachstumszonen aus, die man Meristeme nennt. An den Spitzen bilden sich Triebe, die nach oben oder unten wachsen und die Sprosse und Wurzeln verlängern. Andere Meristeme wachsen nach außen, sodass der Umfang der Stämme und Wurzeln zunimmt. Das Wachstum wird von Pflanzenhormonen reguliert, wie Auxinen, Gibberellinen und Zytokininen. Auxine z.B., die in der obersten Knospe (apikal) gebildet werden, hemmen seitliche (Axillar-)Knospen weiter unten am Stängel. Diesen Prozess nennt man Apikaldominanz. Wenn man die Knospe an der Spitze entfernt, werden die seitlichen Knospen gestärkt. Deshalb zwicken Gärtner manchmal die Spitze einer Pflanze ab, damit sie buschiger wächst.

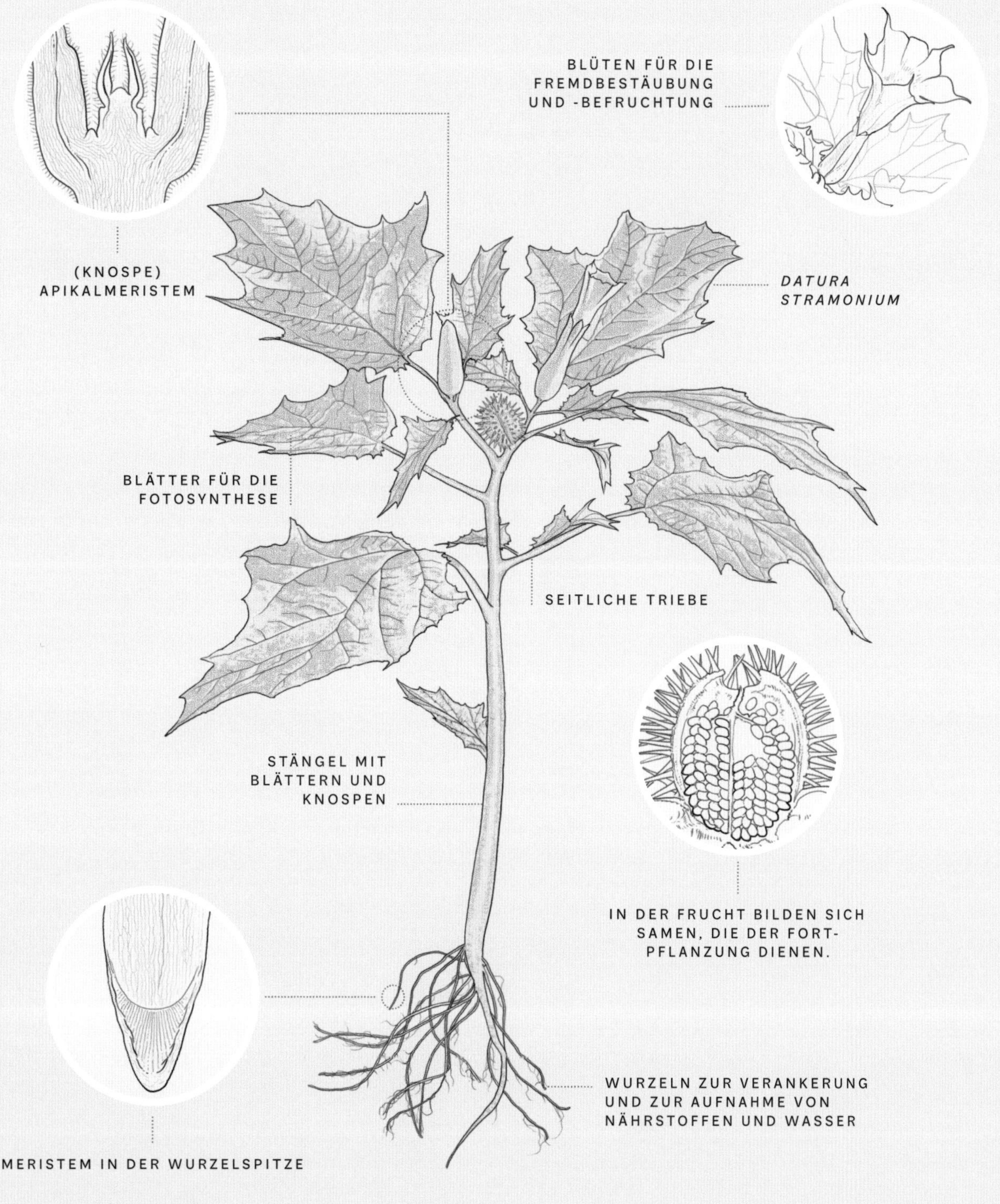
BLÜTEN FÜR DIE FREMDBESTÄUBUNG UND -BEFRUCHTUNG
(KNOSPE) APIKALMERISTEM
DATURA STRAMONIUM
BLÄTTER FÜR DIE FOTOSYNTHESE
SEITLICHE TRIEBE
STÄNGEL MIT BLÄTTERN UND KNOSPEN
IN DER FRUCHT BILDEN SICH SAMEN, DIE DER FORT-PFLANZUNG DIENEN.
WURZELN ZUR VERANKERUNG UND ZUR AUFNAHME VON NÄHRSTOFFEN UND WASSER
MERISTEM IN DER WURZELSPITZE

Blätter gibt es in einer verwirrenden Vielfalt von Formen und Größen – manche haben nur 1 mm Durchmesser und andere sind so groß wie ein Kleinwagen. Zum Bestimmen muss man die Blattform erkennen können. Auf diesen Seiten werden einige der häufigsten Formen vorgestellt.

BLATTFORMEN

EINFACHE (UNGETEILTE) BLÄTTER: GANZRANDIG (UNGEZÄHNT)

Einfache Blätter haben eine ungeteilte Blattspreite (der flache Teil des Blatts, in dem die Fotosynthese stattfindet). Ganzrandige Blätter sind nicht gezähnt, gelappt oder zusammengesetzt (wie die Beispiele gegenüber), sondern haben einfache, glatte Ränder.

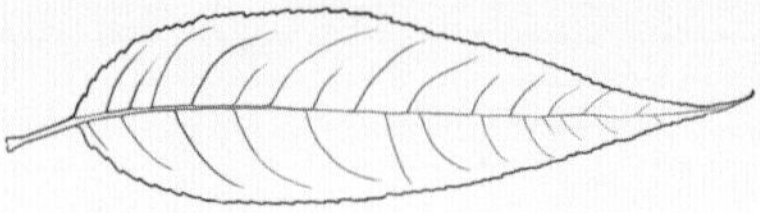

Lanzettlich
An der Basis breiter als in der Blattmitte

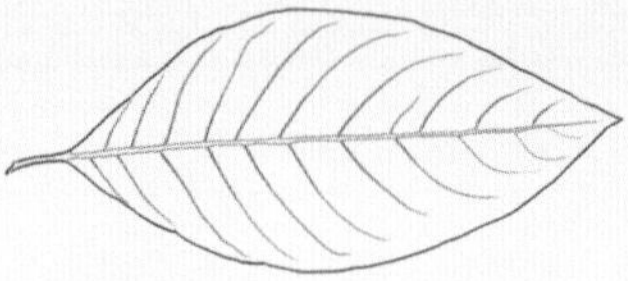

Elliptisch
Verjüngt sich zu beiden Enden von der Mitte aus

Herzförmig
Erinnert an die Form eines Herzens

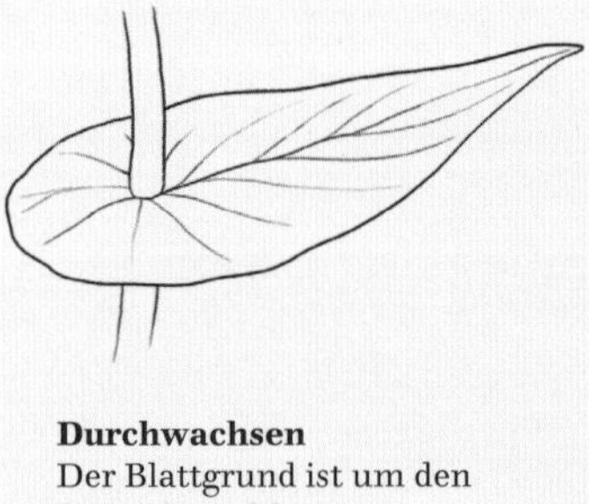

Durchwachsen
Der Blattgrund ist um den Stängel geschlossen.

EINFACHE (UNGETEILTE) BLÄTTER: GEZÄHNT ETC.

Ungeteilte Blätter können nicht nur ganzrandig sein, sondern können charakteristische Ränder haben, die z. B. gekerbt, gezähnt oder doppelt gesägt sind. Einige sind mit feinen Haaren besetzt, tragen Dornen oder eine Kombination dieser Merkmale.

Gebuchtet
Der Blattrand ist wellig.

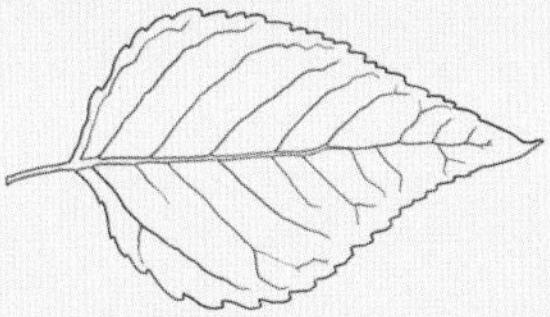

Gesägt
Der Blattrand erinnert an die Zähne einer Säge.

GELAPPTE BLÄTTER

Viele Blätter sind gelappt, d. h. eingeschnitten, aber diese Einschnitte reichen nicht bis zur Mittelrippe. Wie weit diese Einschnitte in die Blattspreite hineinragen und auf welche Weise sie gelappt sind, also welche Form die Abschnitte haben, all dies sind wichtige Bestimmungsmerkmale.

Handförmig gelappt
Die Einschnitte gehen von einem zentralen Punkt aus.

Fiederlappig
Die Abschnitte stehen in gegenüberliegenden Paaren auf beiden Seiten der Mittelrippe.

Fiederschnittig
Tiefe Einkerbungen, aber die Spreite ist nicht in einzelne Fiedern unterteilt (siehe unten).

ZUSAMMENGESETZTE BLÄTTER (MIT VONEINANDER GETRENNTEN BLÄTTCHEN)

Bei einem zusammengesetzten Blatt ist die Blattspreite in mehrere Blättchen oder Fiedern unterteilt, die an einer Mittelrippe sitzen. Jedes Blättchen hat einen eigenen Stiel. Die Anordnung kann unterschiedlich sein und ist ein wichtiges Bestimmungsmerkmal.

Unpaarig gefiedert
Die Fiedern sitzen in gegenüberliegenden Paaren beiderseits der Mittelrippe und enden mit einem einzelnen Blatt an der Spitze.

Gefingert
Die Fiedern entspringen einem einzigen zentralen Punkt.

Dreizählig
Aus drei getrennten Fiedern bestehend

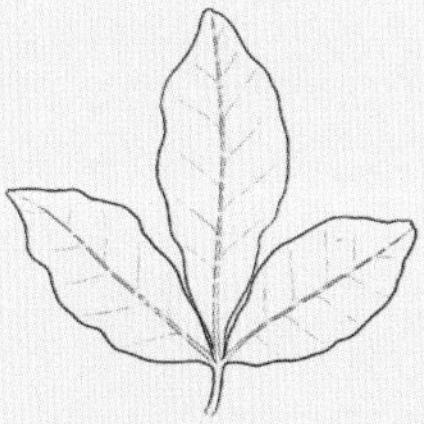

Im allgemeinen Sprachgebrauch sind Früchte fleischige Pflanzenstrukturen, die man roh essen kann, wie z. B. Äpfel, Bananen, Trauben und Zitrusfrüchte. In der Botanik ist eine Frucht ein von einer Blütenpflanze gebildeter Teil – essbar oder nicht –, in dem sich Samen entwickeln, wie z. B. eine Nuss, Beere oder Steinfrucht.

FRUCHTTYPEN

FLEISCHIG

Fleischige Früchte enthalten viel Feuchtigkeit und sind typischerweise weich und sukkulent, sie können aber hart werden, wenn sie austrocknen. Zu ihnen gehören einfache (nicht zusammengesetzte) Früchte mit fleischigem Perikarp (Fruchtwand) und kompliziertere Strukturen, sowie Sammelfrüchte. Einige Pflanzenfamilien bilden spezielle Früchte, wie z. B. Panzerbeeren.

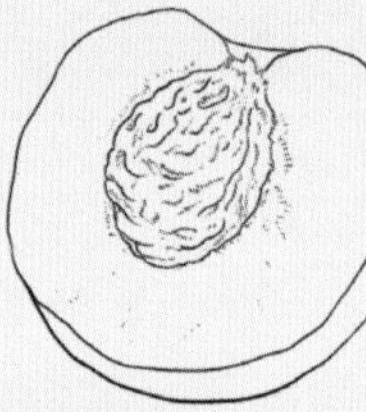

Steinfrucht
Diese Frucht zerfällt nicht in einzelne Teile. Weiches Fruchtfleisch umgibt einen einzigen Samen in einem harten Kern. Beispiel: Nektarine

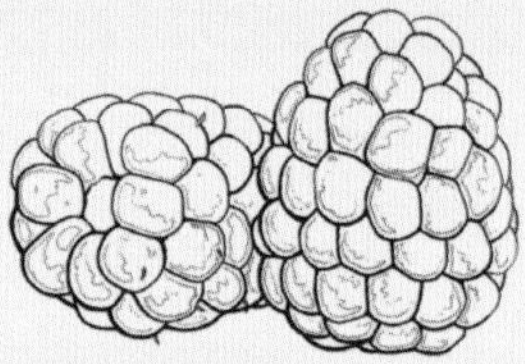

Sammelfrucht
Sie besteht aus vielen Einzelfrüchten, hat sich aber aus einer einzigen Blüte entwickelt. Beispiel: Brombeere

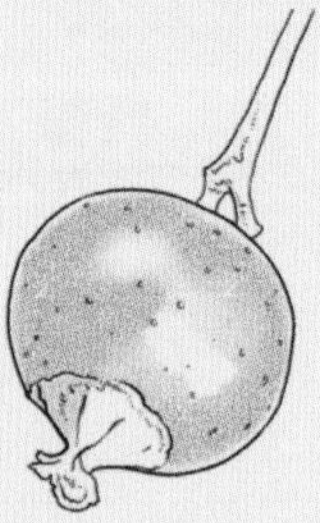

Beere
Eine ungeteilte Frucht mit weichem Fruchtfleisch, in dem die Samen eingebettet sind. Beispiel: Johannisbeere

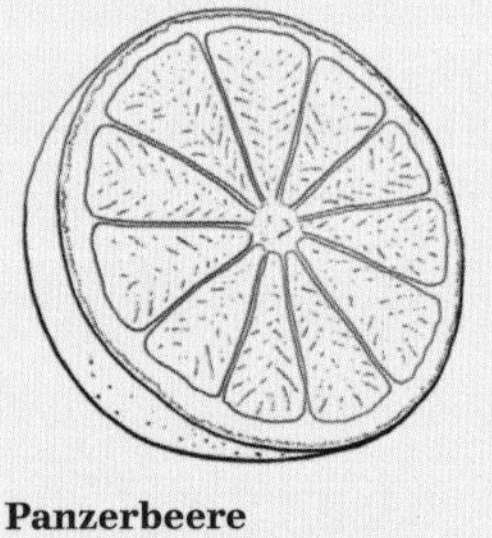

Panzerbeere
Eine modifizierte Beere mit einzelnen Segmenten, in denen sich die Samen befinden. Beispiel: Grapefruit

TROCKEN

Manche trockene Früchte brechen auf und entlassen ihre Samen, wenn sie reif sind, wie die Hülsenfrüchte der Familie Fabaceae. Andere öffnen sich nicht, wie Achänen, die Arten aus der Familie der Korbblütler bilden (z. B. Löwenzahn).

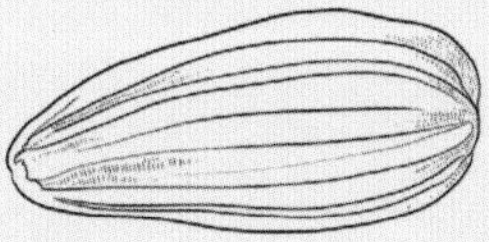

Achäne
Eine trockene einsamige Frucht. Beispiel: Sonnenblume

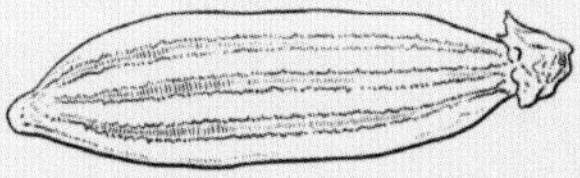

Spaltfrucht
Eine trockene Struktur, die in mehrere (oft zwei) Teile zerfällt. Jeder enthält einen Samen. Beispiel: Fenchel

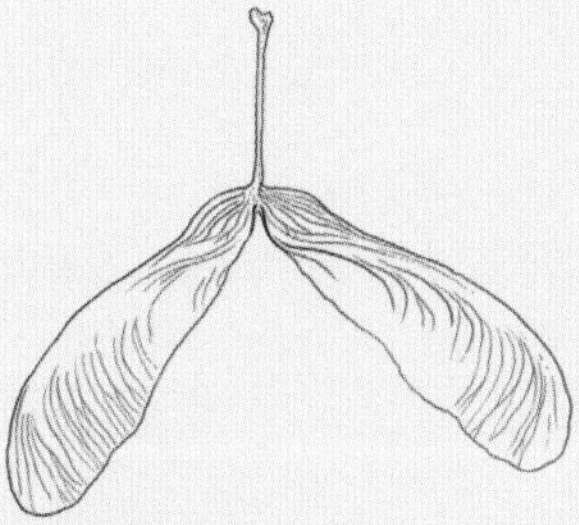

Spezielle Spaltfrucht
Wie z. B. eine geflügelte Achäne. Beispiel: Ahorn

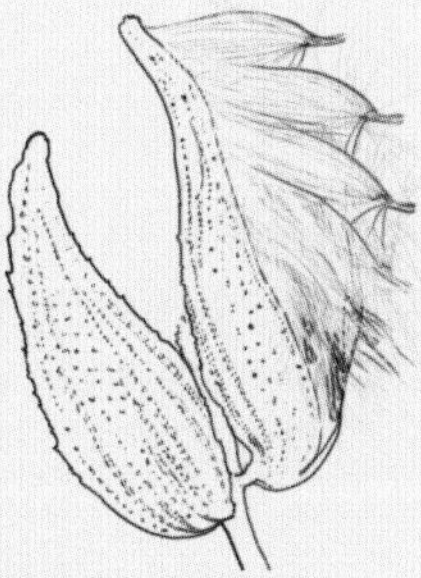

Balgfrucht
Eine einfache Struktur, die aufbricht, um viele Samen zu entlassen. Beispiel: Seidenpflanze

Kapsel
Ein häufiger Fruchttyp, der aufbricht (auf unterschiedliche Weisen), um die Samen zu entlassen. Beispiel: Mohn

Hülsenfrucht
Eine Struktur, die an zwei Nähten aufbricht, um die Samen zu entlassen. Die Hülsenfrüchtler (Fabaceae) bilden solche Früchte.

Nuss
Eine trockene Frucht mit verholzter Schale mit einem einzigen Samen, die nicht aufbricht. Beispiel: Haselnuss

Kletten
Mit ihren Häkchen hängen sich Kletten in das Fell vorbeistreifender Tiere oder an die Kleidung von Menschen. Oft werden sie sehr weit transportiert, bevor sie abfallen.

Spritzgurke
(*Ecballium elaterium*)
In der Frucht baut sich ein Turgor (Druck, der auf Flüssigkeit beruht) auf. Wenn sie reif ist, löst sie sich vom Stängel und die Samen und Schleim werden verspritzt. Die Samen fliegen bis zu 10 m weit.

Genau wie Tiere müssen Pflanzen sich fortbewegen. Aber anders als Tiere bilden sie dafür Samen: Verbreitungseinheiten, die in neue Umgebungen gelangen, in denen sie sich ansiedeln können. Einige Samen überqueren sogar Ozeane.

VON A NACH B KOMMEN

Pflanzen besiedeln neue Orte, indem sie sich in der Luft oder mit dem Wasser verbreiten oder von Tieren transportieren lassen. Einige schießen ihre Früchte gar ab.

IN DER LUFT Löwenzahn entlässt seine Früchte, an denen feine Schirmchen hängen, in den Wind. Die haarigen Früchte der Weidenröschen verbreiten sich ähnlich, und im Spätsommer fliegen unzählige von ihnen durch die Luft.

ÜBER DAS MEER Sehr weite Strecken können Früchte zurücklegen, die im Meer treiben. Die Strandbohne wächst an tropischen Flussufern. Ihre Hülsenfrüchte hängen über dem Wasser, sodass die schwimmenden Samen hineinfallen. Nun beginnt eine weite Reise. Samen, die an geeigneten Orten in den Tropen landen, keimen, sodass die Pflanze einen neuen Lebensraum besiedeln kann.

TIERE ALS VERBREITER Wahrscheinlich haben auch Sie bereits unfreiwillig Samen verbreitet. Kletten sind mit Häkchen besetzt, die sich an die Kleidung und in das Fell von Tieren heften. Wenn sie schließlich abgestreift werden, sind sie meistens weit von der Elternpflanze entfernt.

EXPLOSION Einige Pflanzen verbreiten ihre Samen aus eigener Kraft. Die Hülsen des Ginsters erwärmen sich in der Sonne, und die Seite, die zur Sonne weist, trocknet schneller aus. Platzt die Hülse schließlich auf, werden die Samen herauskatapultiert. Extremer ist die Spritzgurke aus der Mittelmeerregion. Ihre mit Schleim gefüllten Früchte stehen unter so hohem Druck, dass sie irgendwann von den Stielen abplatzen. Dabei werden die Samen in die Luft geschleudert.

Damit sich Blütenpflanzen sexuell fortpflanzen können, muss sichergestellt sein, dass Pollen auf die Narbe einer anderen Pflanze derselben Art oder Gattung gelangt. Pflanzen sorgen auf unterschiedliche Weisen für Fremdbestäubung, und viele stellen Insekten in ihren Dienst.

BESTÄUBUNG

WINDBESTÄUBUNG Nadelbäume, Gräser und einige Laubbäume entlassen enorme Mengen Pollen in den Wind. Der Wind kann den Pollen Hunderte oder sogar Tausende Kilometer weit transportieren. Aber weil die meisten Pollenkörner nie eine Pflanze derselben Art erreichen, ist diese Art der Bestäubung auch verschwenderisch.

TIERISCHE BESTÄUBER Insekten und andere Tiere übertragen den Pollen viel gezielter. Sie werden von bunten, oft duftenden Blüten angelockt und mit zuckerhaltigem Nektar belohnt. Pflanzen, die besonders erfolgreich werben, locken mit größerer Wahrscheinlichkeit Insekten an und bilden mehr Samen. Dieser Wettstreit hat während Jahrmillionen auffällige Blüten hervorgebracht.

BLÜTENSYMMETRIE Form und Symmetrie der Blüte beeinflussen, welche Bestäuber angelockt werden. Eine offene radiärsymmetrische Blüte (mehrere Symmetrieachsen), wie eine Lilie, ist für verschiedene Insekten attraktiv. Bilateralsymmetrische Blüten (eine Symmetrieachse, in eine rechte und eine linke Hälfte unterteilbar), wie die Blüten der Heckenkirsche, sind viel spezialisierter. Sie schließen bestimmte Insekten aus und steuern ihre Bestäuber präzise.

Bei vielen bilateralsymmetrischen Blüten sind außerdem röhrenförmige Verlängerungen der Kronblätter (Sporne) ausgebildet, in denen Nektar gebildet wird. Nur ein Insekt mit einem Rüssel einer bestimmten Länge kann ihn erreichen. Auch dies beeinflusst das Verhalten der Bestäuber und schließt Insekten aus, die zur Bestäubung ungeeignet sind.

Der Mittlere Weinschwärmer trinkt Nektar aus einer Heckenkirschenblüte. Die Blüten der Heckenkirsche sind hell und duften in der Nacht betörend. Das macht sie für bestimmte Nachtfalter attraktiv, die mit ihrem langen Rüssel den Nektar aus den Blütenspornen saugen. Dabei wird der Falter mit Pollen eingestäubt, den er zur nächsten Blüte transportiert.

Pflanzen leben in Gesellschaften, die sich an die Elemente angepasst haben: von der arktischen Tundra bis zu den trockensten Wüsten, von Waldbränden bis zu Überflutungen. Pflanzen sind die Basis fast jedes Ökosystems und starke Überlebenskünstler.

PFLANZEN-GESELL-SCHAFTEN

Eine Pflanzengesellschaft besteht aus verschiedenen Arten, die einen bestimmten Vegetationstyp bilden. Er wird vom Boden, dem Klima und Störungen wie Bränden oder Überflutungen beeinflusst. Oft wachsen ähnlich aussehende Pflanzen nebeneinander, weil sie sich an dieselbe Umwelt angepasst haben, etwa viele Sukkulenten in dem trockenen Lebensraum einer Wüste in Arizona.

Sukkulenten sind trockenheitsresistente Pflanzen, die in ihren Sprossen oder Blättern Wasser speichern. Zu den bekanntesten gehören die Kakteen, eine vielfältige Familie mit mehreren Hundert Arten, die in Nord- und Südamerika in steinigen Wüsten und Gebirgen vorkommen. Weil die Arten ähnliche Anpassungen an den Wassermangel haben, hat sich die sukkulente Wuchsform im Pflanzenreich mehrere Male unabhängig voneinander entwickelt. Die Kakteen in Arizona und Zentralamerika sehen ähnlich aus wie die sukkulenten Euphorbien in Afrika und auf den Kanarischen Inseln. Wenn sie jedoch blühen, wird offensichtlich, dass sie nicht näher miteinander verwandt sind. Kakteenblüten sind oft auffällig und haben bunt gefärbte Kronblätter und viele Staubblätter. Bei der Gattung *Euphorbia* stehen die Blüten in einer Struktur, die man Cyathium nennt. Die Kronblätter fehlen, aber oft sind bunte Hochblätter ausgebildet. Wenn nicht näher verwandte Lebewesen ähnliche Merkmale ausbilden und deshalb ähnlich aussehen, bezeichnet man dies als konvergente Evolution.

A. Die meisten Kakteen haben ihre Blätter vor langer Zeit zurückgebildet, um den Wasserverlust zu vermindern. Stattdessen läuft die Fotosynthese in den sukkulenten Sprossen ab, in denen Wasser gespeichert wird, wie bei diesem Igelsäulenkaktus (*Echinocereus coccineus*).

B. Die Sprosse der Kakteen (hier der Orgelpfeifenkaktus *Stenocereus thurberi*) und vieler anderer Sukkulenten dehnen sich aus, wenn sie nach einem Regen rasch Wasser aufnehmen.

C. Viele Kakteen, wie dieser Wüstenkaktus (*Escobaria vivipara*), tragen Dornen, um ihre wertvollen Wasserreserven vor durstigen Tieren zu schützen.

Der Kleine Klappertopf (*Rhinanthus minor*) kommt in vielen Wiesen vor und ist ein Ökosystem-Ingenieur. Er entzieht Graswurzeln Nährstoffe und verhindert auf diese Weise, dass die Gräser dominieren, sodass andere Wildblumen wachsen können.

Das Sumpf-Läusekraut (*Pedicularis palustris*) ist in Sümpfen und Feuchtwiesen ein Ökosystem-Ingenieur. Die Pflanze nimmt Nährstoffe aus den Wurzeln von Seggen auf und wirkt sich positiv auf die Artenvielfalt in ihrer Umgebung aus.

Organismen, die die sie umgebenden Arten trotz ihrer geringen Häufigkeit erheblich verändern, sind Schlüsselarten und werden auch als »Ökosystem-Ingenieure« bezeichnet. Entfernt man sie, kann dies zum Kollaps der anderen Arten in ihrer Umgebung führen.

ÖKOSYSTEM-INGENIEURE

Auf S. 54–55 haben wir gesehen, dass verschiedene Pflanzen komplizierte Gesellschaften bilden, die sich an die gleichen Umweltbedingungen angepasst haben. Einige Pflanzenarten haben einen besonders großen Einfluss auf die anderen Arten, mit denen sie zusammenleben, und man bezeichnet sie als Ökosystem-Ingenieure. Es gibt viele Ökosystem-Ingenieure in der Natur, wie beispielsweise die Bäume in einem Regenwald und Riesentange im Meer.

VAMPIRE DER PFLANZENWELT Parasitische Pflanzen stehlen anderen Pflanzen die Nahrung. Sie machen etwa ein Prozent aller Blütenpflanzenarten aus, und einige haben ungewöhnliche Lebenszyklen. Mit speziellen Strukturen, die man als Haustorien bezeichnet, dringen sie in die Gewebe der Wirtspflanze ein, um ihr Wasser und Nährstoffe zu entziehen. Halbschmarotzer tragen grüne Blätter und betreiben Fotosynthese, aber sie nehmen einige ihrer Nährstoffe von anderen Pflanzen auf. Vollschmarotzer dagegen besitzen kein Chlorophyll und sind deshalb völlig abhängig von ihren Wirten.

Einige parasitische Pflanzen beeinflussen die Vegetation in ihrer Umgebung stark. Der Kleine Klappertopf (*Rhinanthus minor*) beispielsweise ist in Wiesen in Mitteleuropa ein häufiger Halbschmarotzer. Er nimmt Nährstoffe und Wasser aus Gräsern auf und verhindert so, dass sie dominieren. Deshalb können andere Wildblumen gedeihen, sodass sich die Zusammensetzung der Vegetation stark verändert. Der Klappertopf ist in Wiesen ein Ökosystem-Ingenieur.

Einige wenige Pflanzenarten parasitieren nicht nur an anderen Pflanzen, sondern leben direkt in den Geweben ihres Wirts. Man bezeichnet dies als Endoparasitismus. Er hat sich im Pflanzenreich viermal unabhängig voneinander entwickelt.

EINE PFLANZE IN EINER PFLANZE: ENDOPARASITISMUS

Endoparasitische Pflanzen besitzen keine richtigen Wurzeln. Sie sind nur ein Netzwerk aus Filamenten, das sich Zelle für Zelle in den Wurzeln und Stängeln des Wirts ausbreitet. Während des größten Teils ihres Lebenszyklus sind sie verborgen und man bekommt sie nur zu Gesicht, wenn sie Blüten und Früchte bilden.

Endoparasiten sind selten, aber sie kommen weltweit vor. Zur Gattung *Cytinus* beispielsweise gehören acht Arten mit einer merkwürdigen Verbreitung, die den Mittelmeerraum, das südliche Afrika und Madagaskar umfasst. Alle leben in den Geweben von verholzten Sträuchern. Auch die Arten der Gattung *Mitrastemon* sind Endoparasiten, die in Zentralamerika und Asien in den Geweben von Bäumen aus der Familie der Buchengewächse (*Fagaceae*) leben. Die Arten der Gattung *Rafflesia* schließlich (siehe S. 174), in der die größten Blüten vorkommen, leben in den Regenwäldern Südostasiens als Endoparasiten in tropischen Kletterpflanzen (*Tetrastigma*). Die Blüten können bis 1 m Durchmesser haben und riechen nach verwesendem Fleisch, um Fliegen anzulocken, die sie bestäuben.

Mit Daten aus DNA-Sequenzierungen haben Forschende gezeigt, dass diese Pflanzen nicht näher miteinander verwandt sind, aber dennoch den gleichen Lebenszyklus ausgebildet haben. Ein weiteres Beispiel für die konvergente Evolution (siehe S. 54–55).

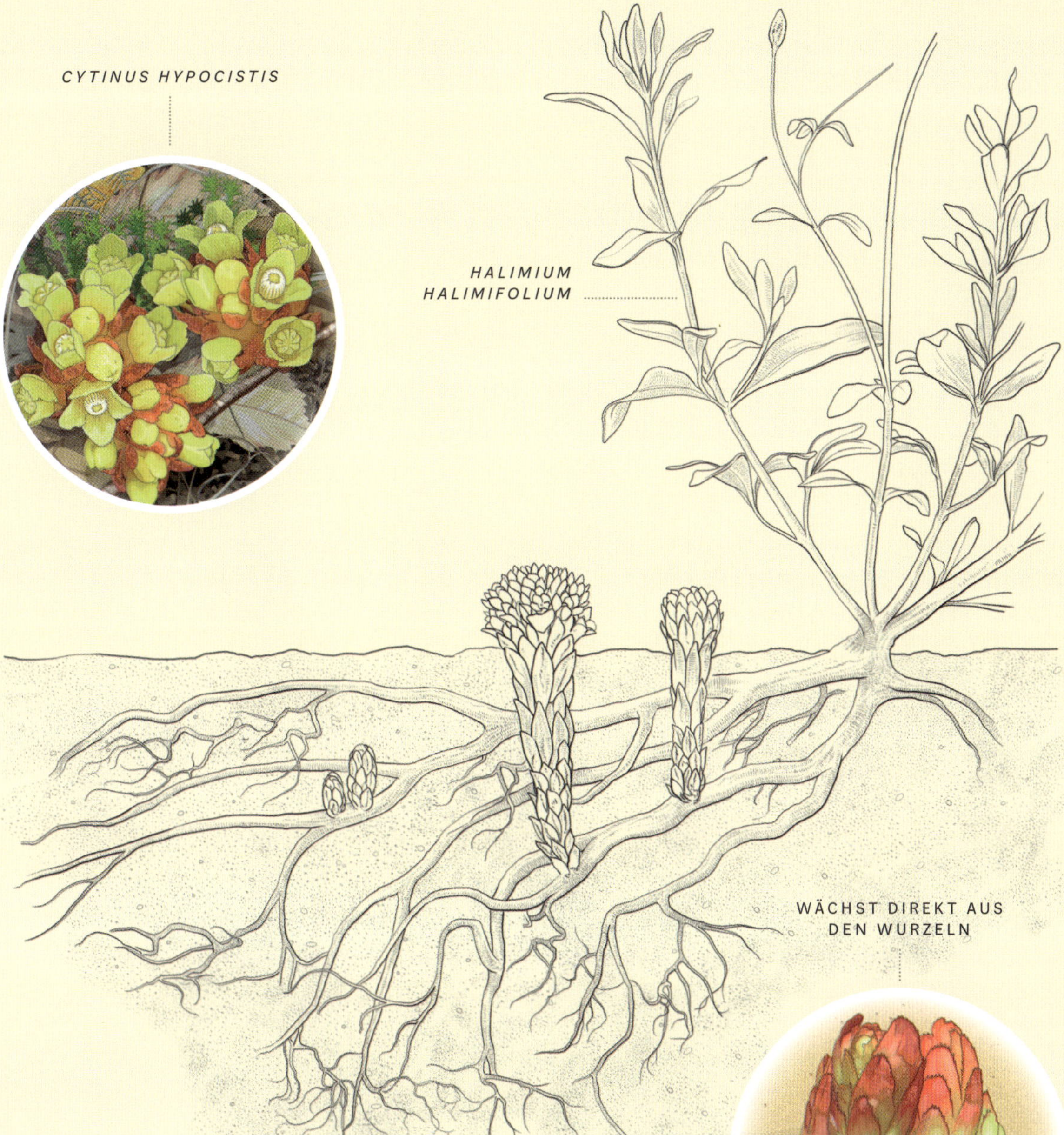

Rätselhafte Pflanze
Im Mittelmeerraum erscheint der Zistrosenwürger (*Cytinus*) unter seiner Wirtspflanze, meistens einer Zistrose (*Cistus*). Er bringt einen Blütenstand mit rosa bis orangeroten Blüten hervor und riecht hefeartig, denn dieser Geruch ist für bestäubende Ameisen attraktiv. Verwandte Arten im südlichen Afrika werden von Nektarvögeln und kleinen Säugetieren bestäubt.

Nektarvogel auf Aloe

INTERAKTIONEN

KAPITEL III

WILDPFLANZEN FÜHREN einen ständigen Kampf in Zeitlupe, weil sie mit anderen Pflanzen um Platz konkurrieren. Seit die ersten Pflanzen das Land besiedelt haben, interagieren sie auf verschiedenste Weisen mit Tieren. Ihre Blüten haben vielfältige Farben und Muster, um die Aufmerksamkeit von Tieren auf sich zu ziehen, die sie bestäuben. Sie bilden Täuschblumen und bestehlen Pilze – alles, um überleben zu können.

Auf uns wirken Pflanzen oft unbelebt, weil sie sich nicht verhalten wie Tiere. In unserer Wahrnehmung bewegen sie sich nicht und »fühlen« nicht. Obwohl Pflanzen tatsächlich nicht wie Menschen fühlen, nehmen sie Berührungen wahr, und manche können sich mit halsbrecherischer Geschwindigkeit bewegen.

FÜHLENDE PFLANZEN?

Alle Pflanzen können sich bewegen, aber wenige tun es so schnell, dass wir es sehen können. Allmähliche Bewegungen der Pflanzen bezeichnet man als Tropismen: Wachstums- oder Krümmungsbewegungen als Antwort auf einen Reiz aus der Umwelt, wie Licht (Fototropismus), Wind (Anemotropismus), Schwerkraft (Geotropismus) und Berührung oder Kontakt (Thigmotropismus, siehe S. 88–89). Einige Pflanzen bewegen sich jedoch schnell – so schnell, wie wir blinzeln.

Die Mimose (*Mimosa pudica*) ist in grasbewachsenen Gegenden in den Tropen eine häufige Wildpflanze. Sie entfaltet ihre gefiederten Blätter in der Sonne und ist für Insekten, die sich von Blättern ernähren, unwiderstehlich. Landet jedoch ein Insekt auf der Pflanze, scheinen die Blätter zu verschwinden, denn sie falten sich innerhalb von Sekunden zusammen. Wenn eine Heuschrecke trotzdem sitzen bleibt, geschieht eine zweite Bewegung: Die Blattstiele klappen nach unten, sodass Stacheln am Stamm freiliegen. Die Heuschrecke sucht sich eine andere Mahlzeit, und ein paar Minuten später entfalten sich die Blätter wieder. Diese schnelle Bewegung wird von elektrischen Signalen erzeugt, die sich von der berührten Stelle aus im ganzen Blatt ausbreiten.

PFLANZE MIT ZÄHNEN Die Venusfliegenfalle ist eine berüchtigte »Räuberin«, deren Fangblätter rasch zuklappen, um ahnungslose Insekten zu fangen. Sie wächst in North Carolina und South Carolina in Sümpfen und erbeutet Insekten und Spinnen. Beutetiere, die in den »Kiefern« der Pflanze landen, berühren eines der Abzugshaare auf der Blattoberfläche, die den Klappmechanismus auslösen. Wird bald noch mal ein Haar berührt, wird die Falle gespannt. Die nächsten Bewegungen führen zum Zuklappen, sodass die »Zähne« der Blattränder ineinandergreifen und das Insekt gefangen halten. Dies kann in einer Zehntel Sekunde geschehen und wird wie bei der Mimose durch elektrische Signale ausgelöst.

Venusfliegenfalle (*Dionaea muscipula*)
Ein Aktionspotenzial (ähnlich den Aktionspotenzialen der Nerven eines Menschen) führt dazu, dass sich das Fangblatt schnell schließt. Bewegt sich die Beute weiterhin, werden Verdauungsenzyme abgesondert. Wenn die Falle dicht geschlossen ist, funktioniert das Fangblatt wie ein pflanzlicher Magen, der das Opfer verdaut.

Insekten waren die ersten Pollenüberträger, und noch heute sind sie die häufigsten Bestäuber. Viele Insekten haben einen hoch entwickelten Geruchs- und Sehsinn. Deshalb duften die meisten Blüten und haben erstaunlich vielfältige Farben und Muster, denn sie müssen um Aufmerksamkeit konkurrieren.

INSEKTEN-BESTÄUBUNG

Als die Blütenpflanzen das Land besiedelten, sorgten Insekten für eine gezieltere und effektivere Pollenübertragung, wie wir auf S. 52–53 gesehen haben. Die Muster und Formen der Blüten sind bemerkenswert vielfältig. Sie haben sich in Koevolution mit den Insekten entwickelt.

Insekten sehen die Welt nicht so, wie wir sie sehen und nehmen Blüten anders wahr als wir. Das menschliche Auge nimmt das rote Ende des Farbspektrums intensiver wahr, während Insekten am blauen Ende auch ultraviolette (UV-)Farben sehen, die wir nicht wahrnehmen. Viele Blüten tragen Muster (Saftmale), die das Verhalten des Insekts manipulieren. Sie funktionieren ähnlich wie die Markierungen auf der Landebahn eines Flughafens und leiten das Insekt in eine bestimmte Richtung. Einige dieser Muster sind für das menschliche Auge zu erkennen, während andere für uns unsichtbar sind.

WIN-WIN-SITUATION Unter UV-Licht kann man die komplizierten Saftmale mancher Blüten erkennen. Die vielfarbigen Muster leiten Bestäuber zum abgesonderten Nektar, der sich in der Mitte der Blüte oder in einem Blütensporn befinden kann. Die Saftmale sind für beide Beteiligte von Nutzen, denn so werden Pollen und Nektar leichter gefunden und die Bestäubung geschieht schneller. Außerdem besuchen mehr Insekten die Blüten, sodass viel Pollen übertragen wird.

Viele Wildpflanzen tragen ***bunte*** *Blüten, die angenehm* ***duften*** *und mit* ***süßem Nektar*** *bestäubende Insekten* ***anlocken.***

Nektarvogel an Aloe
Von Vögeln bestäubte Blüten sind typischerweise rot, orange oder gelb und röhrenförmig. Vögel können sie gut erkennen, und die Blütenform ist an ihre Schnäbel angepasst. In Südafrika nutzen Nektarvögel den Stiel der Aloe als Ansitz, während sie den Blütennektar trinken.

Vögel sind wie Insekten wichtige Pflanzenbestäuber. Pflanzen müssen jedoch ganz andere Merkmale haben, um Vögel zu ihren Blüten zu locken.

VOGELBESTÄUBUNG

Die Wege von Pflanzen und Vögeln kreuzen sich wie die von Pflanzen und Insekten seit Jahrmillionen. Vögel sind effektive Bestäuber, aber sie haben andere Bedürfnisse als Insekten und ihr Geruchssinn ist nicht gut entwickelt. Weil es unnötige energetische Kosten verursachen würde, Duftstoffe zu bilden, duften solche Blüten nicht. Auch der Sehsinn der Vögel unterscheidet sich von dem der Insekten. Wie auf S. 64 beschrieben, sehen Insekten Rottöne nicht. Weil Vögel diese Farben intensiv wahrnehmen, sind von Vögeln bestäubte Blüten oft rot, gelb oder orange. Die meisten Vögel sind außerdem viel größer als Insekten. Deshalb muss auch die Blüte groß und robust sein, um nicht beschädigt zu werden. Viele von Vögeln bestäubte Blüten haben stabile Blätter, auf die sich die Bestäuber setzen können.

AN VÖGEL ANGEPASST Wir haben bereits gesehen, dass die Formen der von Insekten bestäubten Blüten beeinflussen, welche Insektengruppen angelockt werden. Viele von Vögeln bestäubte Blüten sind röhrenförmig, damit der Schnabel hineinpasst und bilden viel dünnen, süßen Nektar, der tief verborgen ist. Die Staubblätter sind so angeordnet, dass sie die Stirn oder Brust des Vogels bepudern.

Zu den bemerkenswertesten Vögeln, die Nektar trinken, gehören die amerikanischen Kolibris. Sie schlagen so schnell mit ihren Flügeln, dass sie im Rüttelflug vor einer Blüte stillstehen können. Wenn die kleinen Vögel von Blüte zu Blüte flitzen, nehmen sie gleichzeitig Pollen auf und streifen ihn ab.

Vogelbestäubung kommt bei den Gesnerien- (Gesneriaceae) und Bromeliengewächsen (Bromeliaceae) besonders häufig vor, wohl deshalb, weil sich diese Gruppen im Lauf der Evolution gemeinsam mit Vögeln entwickelt haben. Anders als die Kolibris beherrschen die afrikanischen Nektarvögel den Rüttelflug nicht. Die Pflanzen, die sie besuchen, haben oft Hochblätter, die ihnen als Ansitze dienen. Vogelbestäubung hat sich im Stammbaum der Blütenpflanzen mehrere Male entwickelt und ist ein weiteres Beispiel für konvergente Evolution (siehe S. 54–55).

Viele von Fledertieren bestäubte Blüten sind groß und weiß. Sie leuchten nur eine Nacht lang im Mondlicht und verwelken in der Morgendämmerung.

FLEDERTIERE ALS BESTÄUBER

Viele Fledermäuse sind klein und jagen Insekten, aber es gibt größere Flughunde mit großen Augen, die von nachts blühenden Pflanzen angelockt werden. Einige Kakteen in den amerikanischen Wüsten blühen nicht während des heißen Tages, sondern nachts. Ihre Blüten sind groß und cremeweiß oder weiß, sodass sie im Dämmerlicht gut zu erkennen sind. Sie öffnen sich genau dann, wenn Flughunde in den Norden ziehen und sich unterwegs mit Nektar stärken.

Auch der Afrikanische Affenbrotbaum wird von Flughunden bestäubt. Er trägt riesige cremeweiße Blüten, die an Stielen herabhängen und auf ihre nachtaktiven Besucher warten. Wie Kakteenblüten, die von Flughunden bestäubt werden, bilden auch sie sehr viel Pollen, der im Fell der Fledertiere haften bleibt.

BANANENBLÜTEN Auch wilde Bananenstauden werden von Flughunden bestäubt. Ihre komplizierten Blütenstände hängen an kräftigen Stielen herab. Jede Blütenreihe wird von einem großen, rotbraunen Hochblatt (einem umgebildeten Laubblatt) geschützt. Jede Nacht öffnet sich ein Hochblatt, sodass eine neue Blütenreihe sichtbar wird. Anfangs öffnen sich weibliche Blüten und nehmen Pollen von Flughunden auf, die herbeifliegen. Später in der Entwicklung der Pflanze öffnen sich die männlichen Blüten und bilden Pollen, den andere Flughunde aufnehmen. Wenn genügend Bananenstauden zur gleichen Zeit blühen, bestäuben die Flughunde die Blüten, sodass sich Früchte entwickeln können.

Flughund an Bananenblüten
Ein Langzungenflughund bestäubt in Südostasien die Blüten einer wilden Bananenstaude (*Musa*). Die Stauden bilden komplizierte Blütenstände, deren Blüten in Reihen stehen und von Flughunden besucht werden. Im Fell der Tiere bleibt viel Pollen hängen.

Mutter des Waldes
Afrikanische Affenbrotbäume (*Adansonia* spp.) sind vor allem wegen ihrer flaschenförmigen Stämme bekannt. Auch die großen weißen Blüten sind beeindruckend und werden von Flughunden bestäubt.

Nicht alle Wildblumen bilden zuckerhaltigen Nektar. Einige Pflanzen setzen auf raffinierte Mimikry, um ihre Bestäuber zu täuschen, zu verblüffen und zu manipulieren, ohne sie für ihre Dienste zu belohnen.

TÄUSCHBLUMEN

Die Blüten vieler Orchideen sind sehr ungewöhnlich oder regelrecht bizarr, und die Ragwurz-Arten sind keine Ausnahme. Diese kleinen Orchideen sind im Mittelmeerraum auf steinigen Wiesen und an Hängen heimisch. Wenn die Winterregen vorbei sind, bilden sie seltsame Blütenstände mit behaarten, insektenähnlichen Blüten, die in der Frühlingssonne flimmern. Die Blüten der Ragwurz-Arten sind Insekten oder Spinnen nicht nur optisch ähnlich, sondern jede Blüte riecht wie ein Weibchen einer bestimmten Insektenart. Die Blüten warten ab. Bald schon versammeln sich liebestolle Bienenmännchen in ihrer Nähe und versuchen, sich mit den Blüten zu paaren. Dabei nehmen sie unabsichtlich Pollenpakete auf und transportieren sie weiter – und genau das ist es, was die Pflanze benötigt. Anders als die Bestäuber, die auf den vorherigen Seiten vorgestellt wurden, manipulieren diese Orchideen ihre Besucher und belohnen sie nicht für ihre Dienste.

INSEKTEN WERDEN AUSGENUTZT Wie haben sich diese raffinierten Täuschblumen entwickelt? Jede Ragwurz-Art lockt einen bestimmten Insektentyp an. Das ist effizient, weil ein spezialisierter Bestäuber gezielt sehr viel Pollen überträgt, sodass er nicht auf die Blüten der falschen Pflanzenart gelangt und verschwendet wird. Die Orchideen bilden Stoffe, die sich in der Luft verbreiten. Sie sind identisch mit den Pheromonen der Insektenweibchen und verstärken die Mimikry. Diese chemische Mimikry hat sich aus Wachsen der Kutikula entwickelt (diese Stoffe kommen bei Pflanzen häufig vor und schützen vor Austrocknung). Täuschblumen, die auf Insekten-Sex setzen, werden sehr effektiv bestäubt.

Bienen-Ragwurz (*Ophrys apifera*)
Es ist kein Zufall, dass diese Blüte einem Insekt merkwürdig ähnlich sieht. Die Blüten täuschen Insektenmännchen, die versuchen, sich mit ihnen zu paaren. Dabei wird die Blüte von ihnen fremdbestäubt. Diese Art kommt auch in Mitteleuropa und im nördlichen Europa vor, ihre Bestäuber jedoch nur in Südeuropa. Im Norden ihres Verbreitungsgebiets bestäubt sie sich deshalb selbst.

Zu den erstaunlichsten Interaktionen, die sich zwischen Pflanzen und Tieren entwickelt haben, gehören die Strategien der Orchideen. Sie faszinierten den englischen Naturforscher Charles Darwin so sehr, dass er ihnen ein ganzes Buch widmete.

DARWINS ORCHIDEEN

Die Familie der Orchideen ist die vielfältigste Blütenpflanzenfamilie und ihre Mitglieder haben erstaunliche Bestäubungssysteme entwickelt. Schon Darwin war fasziniert von diesen Pflanzen und schrieb 1862 das Buch *The Various Contrivances by Which British and Foreign Orchids Are Fertilised by Insects*, in dem er seine eigenen Experimente und Beobachtungen seiner Briefpartner auf der ganzen Welt beschrieb. Er erforschte die Koevolution von Orchideen und Insekten, die sich seit Jahrmillionen gemeinsam entwickeln.

CHARLES DARWIN Mit »Koevolution« meint Darwin Arten, die sich im Lauf der Evolution aneinander anpassen und wechselseitig beeinflussen. Zu den bemerkenswertesten Beispielen gehört die Koevolution der Kometenorchidee (*Angraecum sesquipedale*) und dem Schwärmer, der sie bestäubt (*Xanthopan morganii*). Beide Arten kommen in Madagaskar in Tiefländern vor. Die Blüte hat einen außerordentlich langen Sporn (eine Struktur, die auf S. 52 beschrieben wird). Darwin nahm an, dass es einen Nachtfalter mit einem sehr langen Rüssel geben müsse, der zum Nektar in der Spitze des Sporns gelangen kann. Damals lachte man ihn aus, denn niemand hatte je ein solches Insekt gesehen. 1903, mehr als 20 Jahre nach Darwins Tod, entdeckte man einen Schwärmer, der seine Vermutung bestätigte.

ORCHIS BANK Darwin beobachtete in der Grafschaft Kent Orchideen und Insekten. Ein Tal, in dem es besonders viele Orchideen gab, nannte er »Orchis Bank«. Hier erforschte er die Bestäubungsmechanismen mehrerer Arten, wie z. B. die der Pyramiden-Hundswurzen, die von Schmetterlingen besucht werden.

SCHLEUDERPOLLEN
Die südamerikanische Orchidee *Catasetum macrocarpum* faszinierte Darwin besonders, als er ein weltweites Netzwerk aus Freunden und Arbeitskollegen aufbaute. Diese Orchidee und ihre nahen Verwandten schleudern ihre Pollenpakete aktiv aus und kleben sie an die bestäubenden Insekten.

Kometenorchidee (*Angraecum sesquipedale*) und der Bestäuber *Xanthopan morganii*
Darwins Orchidee, die auf Madagaskar vorkommt, ist vielleicht das berühmteste Beispiel einer Koevolution von Pflanzen und Tieren. Der enorm lange Sporn passt zum außerordentlich langen Rüssel des bestäubenden Schwärmers. Darwin vermutete dies, lange bevor man das Insekt entdeckte.

Arum dioscoridis
Aronstabgewächse wie diese Art verströmen einen strengen Geruch nach Kot. Er lockt Fliegen an, deren Larven sich von Kot ernähren. Die Insekten werden nicht belohnt, sondern über Nacht in einer Kesselfalle eingeschlossen, in der sie unbeabsichtigt Pollen aufnehmen.

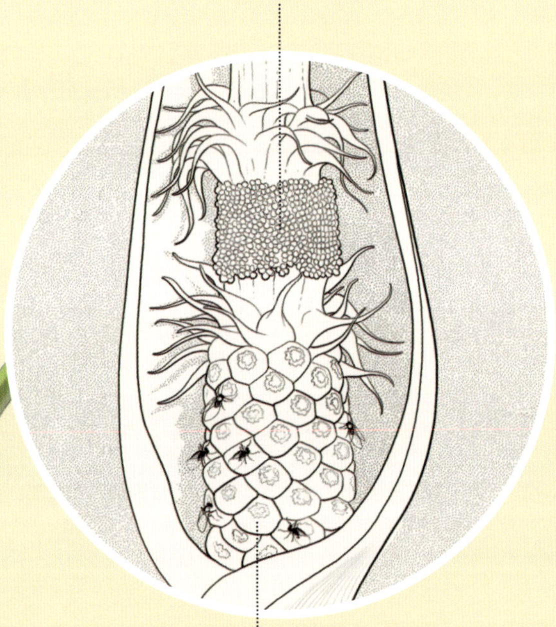

Nicht immer leben Pflanzen und Tiere harmonisch zusammen. Einige Pflanzen beuten ihre Bestäuber nicht nur aus, ohne sie zu belohnen, sondern kerkern sie sogar ein.

FLIEGEN FANGEN

Einige Pflanzen bilden Kesselfallen, in denen sie ihre Bestäuber gefangen halten. Zu den Aronstabgewächsen (Familie Araceae) gehören weltweit etwa 4000 Arten. Man findet sie z. B. in Hecken und Gebüschen, an Berghängen und in Regenwäldern. Das charakteristische Merkmal dieser Familie ist der Kolben (Spadix), der von einem Hochblatt (Spatha) umgeben ist. Die echten Blüten sind meistens sehr klein und entwickeln sich an der Basis des Kolbens. Die weiblichen Blüten sitzen unten und die männlichen Blüten unmittelbar über ihnen. Auf S. 105–107 werden verschiedene Aronstabgewächse vorgestellt.

FÜR EINE NACHT GEFANGEN Bei einem Aronstabgewächs sind die männlichen und weiblichen Blüten räumlich voneinander getrennt und entwickeln sich außerdem zu verschiedenen Zeiten. Die weiblichen Blüten reifen vor den männlichen, um eine Selbstbestäubung zu verhindern. Interessanterweise erzeugen einige Arten auch Wärme (Thermogenese), sodass ihre Blüten wärmer als die Luft der Umgebung sind. Diese Wärme in Verbindung mit einem starken Geruch – z. B. nach Kot oder verwesendem Fleisch – ist für Fliegen sehr attraktiv. Bei vielen Aronstabgewächsen bildet die Spatha eine Kesselfalle um die kleinen Blüten. Insekten, die einen Ort für die Eiablage suchen, krabbeln hinein. Sie werden von einer Barriere aus nach unten weisenden Reusenhaaren über Nacht gefangen gehalten. Die Reusenhaare welken am nächsten Morgen, nachdem die Blüten bestäubt wurden. Dass die Insekten für einige Zeit eingeschlossen sind, stellt sicher, dass sie viel Pollen aufnehmen und übertragen.

Bis zu ein Drittel aller Orchideenarten täuschen ihre Bestäuber. Einer der häufigsten Tricks ist betrügerische Werbung: Mit bunt gefärbten, duftenden Blüten wird Nektar versprochen, obwohl die Blüte gar keinen anbietet.

RAFFINIERTE TÄUSCHMANÖVER

Während sich die Blütenpflanzen entwickelten, bildeten sich gleichzeitig Mechanismen heraus, die für Fremdbestäubung sorgen. Bis zu ein Drittel aller Orchideen (schätzungsweise etwa 10 000 Arten) setzen auf Täuschung, um Insekten anzulocken. Häufig kündigen ihre Blüten Nektar an, obwohl sie gar keinen bilden. Diese Orchideen tragen bunt gefärbte, oft duftende Blüten und kommen zusammen mit nicht verwandten Pflanzen vor, die ähnliche Blüten tragen. Aber anders als ihre ehrlichen Gegenstücke bieten diese Orchideen keinen Nektar an. Insekten, die aus anderen Gegenden herbeifliegen und solche, die einfach vergesslich sind, besuchen die leeren Blüten immer wieder und bestäuben sie, ohne dafür belohnt zu werden. Auf S. 74–75 wurde beschrieben, dass manche Blüten Nahrungsquellen wie z.B. Aas nachahmen, um Fliegen anzulocken. In diesem Fall ist die Mimikry noch subtiler: Diese Orchideen ahmen andere Blüten nach.

BERAUSCHENDER DRINK Die Stendelwurzen (Orchideen der Gattung *Epipactis*) bilden zwar Nektar, doch auch sie sind alles andere als ehrlich. In Mitteleuropa blühen sie noch im Spätsommer, wenn in den Obstgärten Äpfel zu Boden fallen und viele Wespen unterwegs sind. Wespen, die die Orchideen besuchen, »beimpfen« die Nektardrüsen in den Blüten mit Mikroorganismen, die an ihren Füßen haften geblieben sind, während sie an fauligen Äpfeln fraßen. Die Mikroorganismen im Nektar bilden Ethanol (Alkohol), den alle Wespen trinken, die die Blüte später besuchen. Beschwipste Wespen bleiben länger auf den Blüten und schaffen es nicht, sich von den Pollenkörnern zu befreien. Deshalb transportieren sie mehr Pollen zu anderen Blüten und sorgen für deren Fremdbestäubung.

Geflecktes Knabenkraut (*Dactylorhiza maculata*)
Viele Orchideenarten der gemäßigten Breiten, wie auch diese Art, tragen bunte Blüten, die zwar Nektar ankündigen, aber gar keinen bilden. Insekten, die angelockt werden, verbreiten den Pollen und werden dafür nicht belohnt.

Breitblättrige Stendelwurz (*Epipactis helleborine*)
Stendelwurzen locken Wespen an, die den Nektar mit Mikroorganismen beimpfen, den sie von faulenden Früchten herbeitransportieren. Diese Mikroben bilden Alkohol, den die nachfolgenden Wespen trinken. Die berauschten Wespen bleiben länger auf der Blüte und sind deshalb effektivere Bestäuber.

Aristolochia arborea
Die kleinen, pilzartigen Strukturen in den Blüten sondern einen flüchtigen Stoff ab, der Pilzmücken anlockt. Die Insekten fallen auf die Mimikry herein und krabbeln in die Blüte. Dabei übertragen sie Pollen.

Aristolochia salvadorensis
Diese Pflanze trägt den Spitznamen »Darth-Vader-Blume«. Die Art lockt winzige Pilzmücken an, die der oben abgebildeten Art ähneln. Die Insekten fliegen in die »Augen« der Blüten und bestäuben sie.

Orchideen sind nicht die Einzigen im Pflanzenreich, die falsche Tatsachen vorspiegeln. Was Betrügereien angeht, scheinen die Pflanzen keine Grenzen zu kennen.

BETRÜGERISCHE BLÜTEN

Wir haben viele Beispiele für raffinierte Tricks in der Pflanzenwelt gesehen, und auf den letzten Seiten tauchten immer wieder Betrüger auf. Die Pfeifenwindengewächse (Familie Aristolochiaceae) sind eine vielfältige Pflanzengruppe mit Vertretern auf den meisten Kontinenten. Auf S. 32–33 haben wir sie bereits kennengelernt. Ihre Blüten hängen oft an Kletterpflanzen oder öffnen sich in Gruppen an der Basis der Stämme. Sie locken verschiedene fliegende Insekten an.

VORGETÄUSCHTE PILZE *Aristolochia arborea* ist ein sehr merkwürdiges Pfeifenwindengewächs, das in Zentralamerika in Regenwäldern vorkommt. Die Wuchsform ist baumartig (deshalb das Artepitheton *arborea*). Die braun und weiß gezeichneten Blüten öffnen sich an der Basis des Stamms am Regenwaldboden und ahmen Pilze nach. In der Mitte jeder Blüte befindet sich ein Gebilde, das wie ein violettbrauner Pilz aussieht und zudem einen Pilzgeruch verströmt. Diese Struktur ist für Pilzmücken (Mycetophilidae) sehr attraktiv. Die kleinen, kurzlebigen Insekten kommen im Unterwuchs feuchter Wälder häufig vor und legen ihre Eier an Pilzen ab. Ihre Larven fressen Pilzhyphen in vermodernden Pflanzenteilen. Die Mücken sind so überzeugt davon, dass die Blüten Pilze sind, dass sie sogar ihre Eier an ihnen ablegen. Ihre Larven verhungern bald nach dem Schlüpfen. Wenn die Mücken in den Blüten herumkrabbeln, nehmen sie Pollen auf und bestäuben mit ihm die nächste Blüte, die sie besuchen.

Stierhorn-Akazie (*Acacia cornigera*)
Ameisenpflanzen bilden für ihre Partnerameisen spezialisierte Neststrukturen aus, die als Domatien bezeichnet werden. Die Domatien der Stierhorn-Akazie (*Acacia cornigera*) befinden sich in großen, hohlen Dornen.

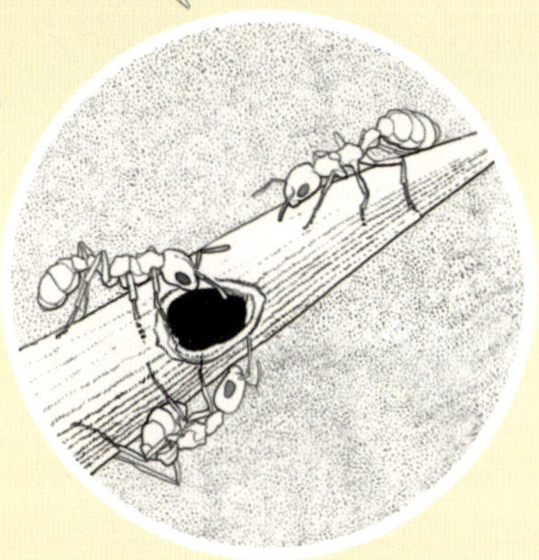

Myrmecodia
Bei diesem Schnitt durch ein Domatium von *Myrmecodia* erkennt man das komplizierte Labyrinth aus Gängen und Kammern.

Pflanzen und Insekten entwickeln sich seit Jahrmillionen nebeneinander und miteinander, und dabei kam es zu allen möglichen überraschenden Interaktionen. Besonders faszinierend ist das Zusammenleben von Pflanzen und Ameisen.

PFLANZEN UND AMEISEN

AMEISENPFLANZEN Diese Pflanzenarten leben in mutualistischen Beziehungen mit Ameisenkolonien. Manche bilden hoch spezialisierte Strukturen mit Hohlräumen aus, sogenannte Domatien, die den Ameisen Nester bieten. Einige afrikanische Akazienarten haben beispielsweise große, hohle Dornen, in denen Ameisen leben. Als Gegenleistung für die Unterkunft patrouillieren die Ameisen auf den Zweigen des Baums und greifen Fressfeinde der Akazien an. So schützen sie ihren Wirtsbaum. Sie beißen sogar die Ranken von Pflanzen durch, die an der Akazie emporklettern.

Zu den kompliziertesten Domatien gehören die der südostasiatischen Ameisenpflanzen der Gattung *Myrmecodia*. Es sind verdickte, stachelige Gebilde an der Basis der Stängel. Sie können fast 50 cm Durchmesser haben und in der Rinde befinden sich Eingangslöcher, die zu einem Labyrinth aus Gängen und Kammern führen. Die rauwandigen Höhlen dienen als Abfallkammern und Toiletten, die eingetragenen Abfälle enthalten Nährstoffe für die Pflanze. *Myrmecodia*-Pflanzen sind Epiphyten (Aufsitzerpflanzen), die hoch auf den Ästen von Bäumen wachsen. Die Ameisen liefern ihnen wertvolle Nährstoffe, an die sie in den Baumkronen sonst kaum gelangen könnten.

AMEISEN ALS BAUERN Einige Ameisenarten betreuen Blattläuse, die auf Pflanzen sitzen und deren Saft saugen. Die Blattläuse sondern dabei Honigtau ab, von dem sich die Ameisen ernähren. Andere Ameisenarten fördern in Domatien das Wachstum von Pilzen. Die Ameisen liefern den Pilzen Nährstoffe und ernten die Pilzfruchtkörper als Nahrung für ihre Larven. Man vermutet, dass die Pilze auch dazu beitragen, dass die Pflanze mehr Nährstoffe aufnehmen kann.

SÜSSE BELOHNUNG

Neben einer Unterkunft bieten einige Ameisenpflanzen ihren Partnerameisen Nahrung in Form von Nektar oder nährstoffreichen Anhängseln an. Nektar wird typischerweise in Blüten gebildet. Die Stierhorn-Akazie (siehe gegenüber) bildet »extrafloralen« Nektar, der an anderen Stellen und nicht in Blüten produziert wird. Die Ameisen erhalten ihn als Belohnung für ihre Dienste.

Feigen und Feigenwespen unterhalten komplizierte Beziehungen. Die Lebenszyklen vieler Feigen- und Wespenarten sind so eng miteinander verwoben, dass beide Partner aufeinander angewiesen sind.

FEIGEN UND FEIGENWESPEN

Seit Jahrtausenden haben Menschen eine Verbindung zu Feigen, aber das Verhältnis von Feigen zu bestimmten Wespen reicht viel weiter zurück. Beide Organismengruppen haben sich seit etwa 60 Millionen Jahren gemeinsam entwickelt. Eine Feige ist weder Blüte noch Frucht und die Wechselbeziehungen der Fortpflanzungszyklen von Feigen und Wespen sind hoch kompliziert.

Dorstenia ist eine entfernte Verwandte der Feigen. Ihre Blüten entwickeln sich in einem Gebilde, das an eine umgestülpte Feige erinnert. Diese Pflanze ähnelt wahrscheinlich einer Vorläuferin der heutigen Feigen, die in Symbiose mit Wespen leben. Forschende haben beobachtet, dass Fliegen ihre Eier in die Blüten von *Dorstenia* legen, was für diese Vermutung spricht.

Auf der gegenüberliegenden Seite ist der Lebenszyklus der Wespen (verschiedene Mitglieder der Überfamilie der Erzwespen, Chalcidoidea) und seine Verbindung mit den Feigen (Gattung *Ficus*) dargestellt. Die kleinen Wespen gelangen durch einen engen Gang, den man als Ostiole bezeichnet, in die Feige und verlieren dabei ihre Flügel. Wenn sie im Hohlraum in der Mitte angelangt sind, bestäuben sie mit Pollen, den sie von einer anderen Feige mitgebracht haben, einige der Blüten. Auf anderen Blüten legen sie ihre Eier ab. Die Blüten, auf denen Eier abgelegt wurden, ernähren die Wespenlarven, und Blüten, die bestäubt wurden, bilden Früchte und Samen. Eine neue Wespengeneration schlüpft im Hohlraum der Feige und die ungeflügelten Männchen paaren sich mit den geflügelten Weibchen. Während die Wespen herumkrabbeln, nehmen sie Pollen auf. Die Männchen beißen schließlich einen Ausgang und verlassen die Feige. Sie sterben bald, während die mit Pollen beladenen Weibchen zu einer anderen Feige fliegen, sodass der Kreislauf aufs Neue beginnt.

LEBENSZYKLUS VON FEIGE UND WESPE

1.
Ein Wespenweibchen gelangt durch die Ostiole in die Feige und verliert dabei seine Flügel.

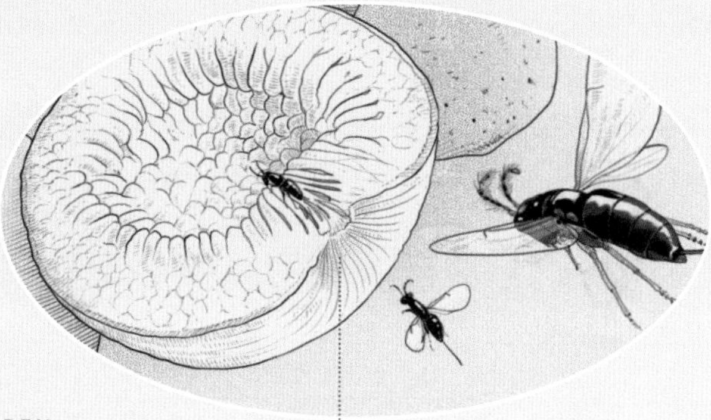

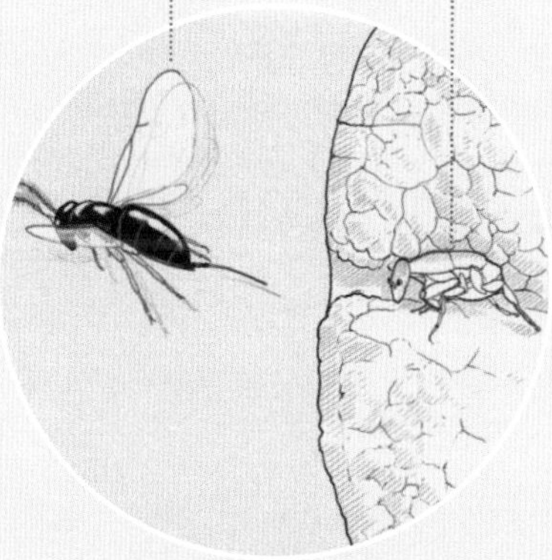

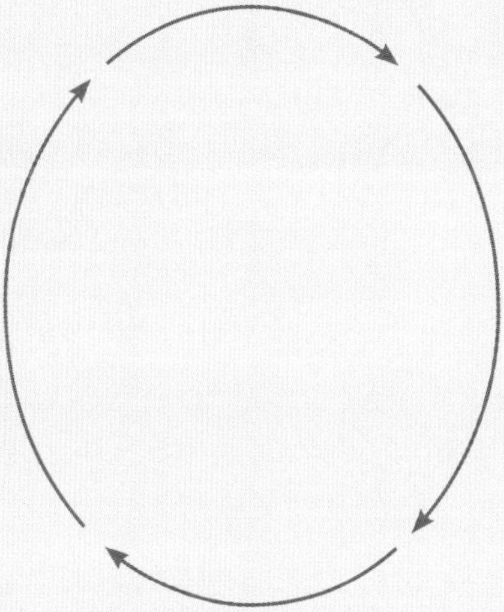

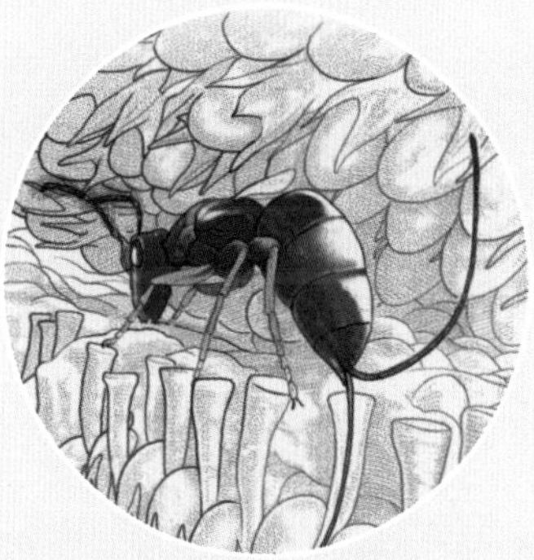

2.
Die Wespe bringt Pollen in die Feige, mit dem sie einige der Blüten bestäubt. Dann legt sie ihre Eier auf anderen Blüten ab.

4.
Die geschlüpften Wespen paaren sich und nehmen Pollen auf, während sie herumkrabbeln. Dann verlassen sie die Feige. Die mit Pollen beladenen Weibchen fliegen zu einer anderen Feige und bestäuben deren Blüten.

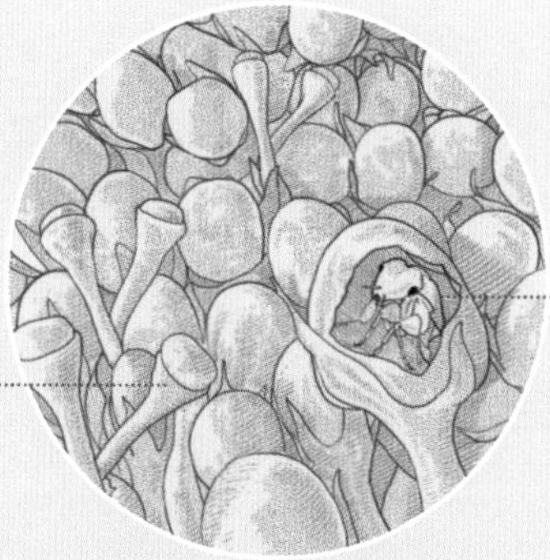

3.
Die Larven ernähren sich von den Blüten, in denen sie geschlüpft sind. Aus bestäubten Blüten entwickeln sich Früchte mit Samen.

Früchte haben faszinierend vielfältige Farben, Formen, Größen und Gerüche, sodass Tiere angelockt werden. Aber nicht alle Früchte riechen für uns angenehm.

SONDERBARE FRÜCHTE

Pflanzen haben eine erstaunliche Vielfalt an Formen entwickelt, um ihre Verbreitung zu gewährleisten. Wie auf S. 50–51 beschrieben, tragen einige Früchte Schirmchen oder Flügel, sodass sie mit dem Wind verweht werden, während andere im Wasser schwimmen und dabei oft weite Strecken zurücklegen.

SPEZIALISIERUNG
Die reifen Früchte vieler Wildpflanzen locken Tiere an, damit diese ihre Samen verbreiten. Einige sind so beschaffen, dass nur wenige Tiere als Samenverbreiter infrage kommen. Die bläulichen Früchte von *Neesia synandra* werden vor allem von Nashornvögeln verbreitet. Wahrscheinlich eignen sich nur die großen Schnäbel dieser Vögel dazu, an die Samen zu gelangen. Diese sind mit gelben Borsten besetzt, die die Haut reizen und andere hungrige Tiere abschrecken. Vielleicht ist diese Spezialisierung vorteilhaft für die Pflanze, denn so werden die Samen zuverlässiger verbreitet.

UMWERFENDER GERUCH Die merkwürdige Durianfrucht nennt man auch die »Königin der Früchte«. In Südostasien, wo der Baum heimisch ist, schätzt man die Früchte sehr und exportiert sie in viele Länder. Die Durianfrucht kann enorme Ausmaße erreichen (sie wird ungefähr so groß wie ein Rugbyball), ist stachelig und schmeckt köstlich, aber am auffälligsten ist ihr übler Geruch.

Viele Menschen finden den Geruch, der oft mit dem von fauligem Müll verglichen wird, überwältigend und abstoßend. In der Öffentlichkeit ist die Durian deshalb vielerorts verboten. Das cremige, süße Fruchtfleisch jedoch ist sehr beliebt. Weshalb riecht die Durian so schlecht? Die Frucht wird von Tieren verbreitet. Ihr charakteristischer Geruch lockt viele Regenwaldvögel und Säugetiere an, wie Orang-Utans, Nashornvögel und Makaken, die mit dem Fruchtfleisch auch die großen, braunen Samen verschlucken. Der spezielle Duft ist über große Entfernungen viel wirkungsvoller als ihr Aussehen. Und Tiere verbreiten die Samen mit ihrem Kot effektiv, denn sie legen im Regenwald oft weite Strecken zurück.

Durian
Diese merkwürdige Frucht kann viele verschiedene Größen und Farben haben. Am häufigsten wird *Durio zibethinus* angebaut, deren Früchte hier abgebildet sind. *D. graveolens* ist eine Wildpflanze, deren Früchte rotes Fruchtfleisch haben.

Neesia synandra
Dieser Baum, der 62 m hoch werden kann, überragt in den Regenwäldern Südostasiens die Kronenregion. Er trägt seltsame Früchte mit einer blauen Schale, die an eine Schlangenhaut erinnert. Die Samen werden von Nashornvögeln verbreitet.

Pflanzen können sich unterhalten. Sie tun es natürlich nicht mit Worten wie Menschen, sondern geben chemische Stoffe ab, senden elektrische Signale und kommunizieren mithilfe der Hyphen von Pilzen miteinander.

KOMMUNIKATION

Obwohl wir es nicht wahrnehmen, kommunizieren Pflanzen miteinander, und das tun sie effektiv und schnell. Pflanzen, die in Gesellschaften leben, erfahren Stress aus der Umwelt, wie Krankheiten, hungrige Pflanzenfresser und andere Bedrohungen. Es scheint, als wären sie den Gefahren wehrlos ausgesetzt, aber sie verteidigen sich, indem sie miteinander kommunizieren: Sie schlagen Alarm!

REDEN UND ZUHÖREN Pflanzen setzen flüchtige organische Verbindungen als chemische Signale ein, wenn sie miteinander interagieren. Sobald eine Pflanze angegriffen wird, werden diese Stoffe in die Umgebung abgegeben – etwa, wenn ein Insekt an den Blättern frisst. Benachbarte Pflanzen derselben Art aktivieren als Reaktion darauf ebenfalls ihre chemische Abwehr.

Die Seiden (*Cuscuta*) sind parasitische Pflanzen, die die Stängel anderer Pflanzen anzapfen, um Nährstoffe aufzunehmen. Sie kommen in vielen Ökosystemen vor. Quendel-Seide (*C. epithymum*) parasitiert in Europa z. B. an Heidekraut. Forschende haben gezeigt, dass die Pflanze flüchtige organische Verbindungen nutzt, um Wirtspflanzen aufzuspüren. Pflanzen geben verschiedene »chemische Signaturen« aus flüchtigen Verbindungen ab, sodass die Quendel-Seide anhand der entsprechenden Signatur den richtigen Wirt auswählen kann.

IM BODEN Pflanzen kommunizieren auch im Boden über ihre Wurzelnetzwerke. Sie setzen chemische Stoffe in die Rhizosphäre frei. Über Pilzfäden (Myzelien) stehen die Pflanzenwurzeln miteinander in Verbindung, sodass Nährstoffe weitergegeben werden können. Die Myzelien bilden mitunter riesige Netzwerke aus, die im Boden effektive Systeme des Informationsaustauschs sind.

Informationen senden
Pflanzen kommunizieren über der Erde und im Boden. Bei einem Insektenangriff geben sie flüchtige organische Stoffe ab, die die Schädlinge vertreiben oder deren Fressfeinde anlocken. Benachbarte Pflanzen warnen sich außerdem über unterirdische Netzwerke vor Fressfeinden. Währenddessen nutzen die parasitischen Seiden flüchtige organische Stoffe in der Luft, um Wirtspflanzen aufzuspüren.

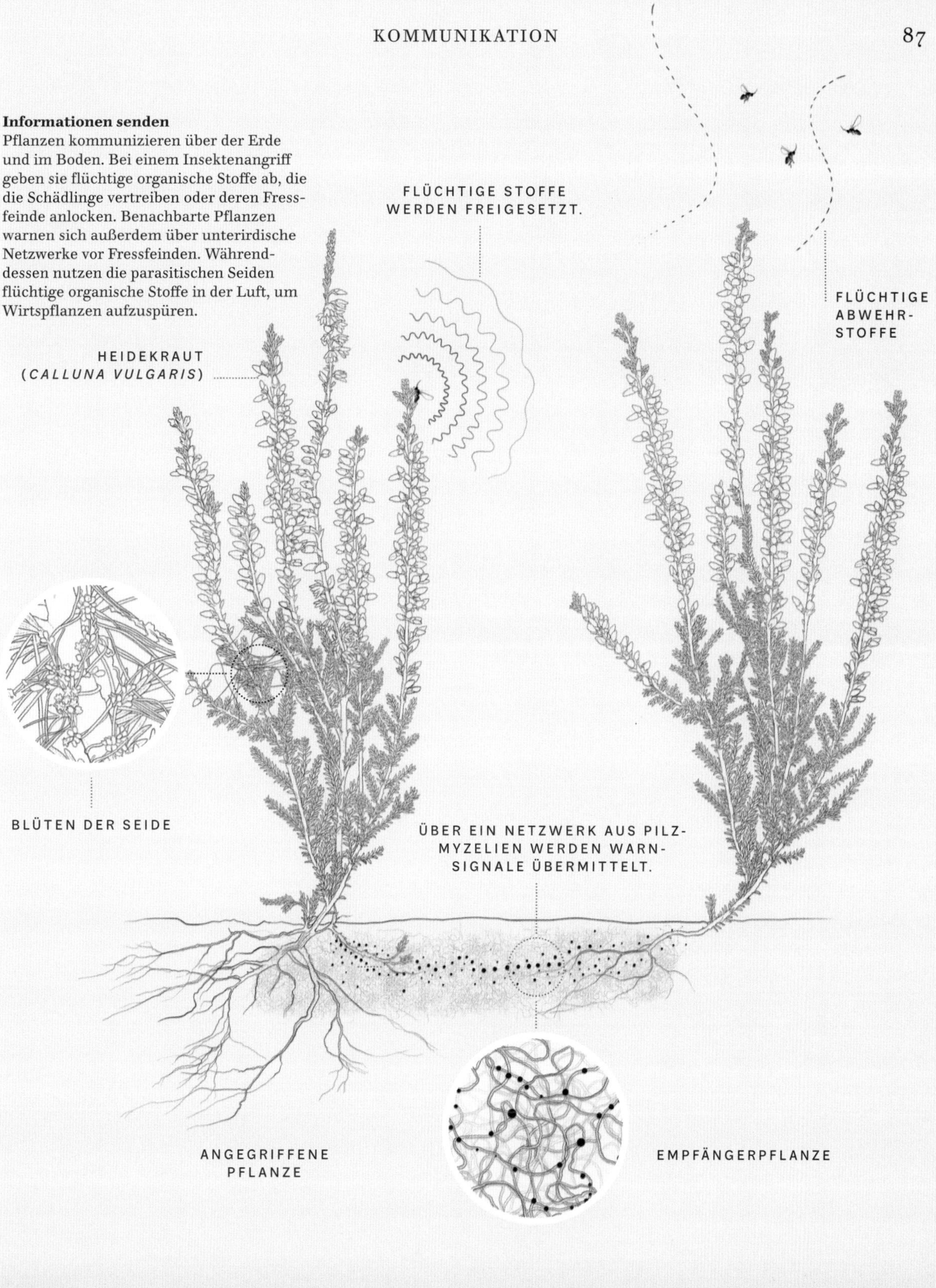

Saat-Wicke (*Vicia sativa*)
Wildblumen bilden komplexe Gesellschaften und müssen um einen Platz in der Sonne konkurrieren. Viele, wie die Saat-Wicke, gelangen zum Licht, indem sie sich mit ihren Ranken an anderen Pflanzen festhalten.

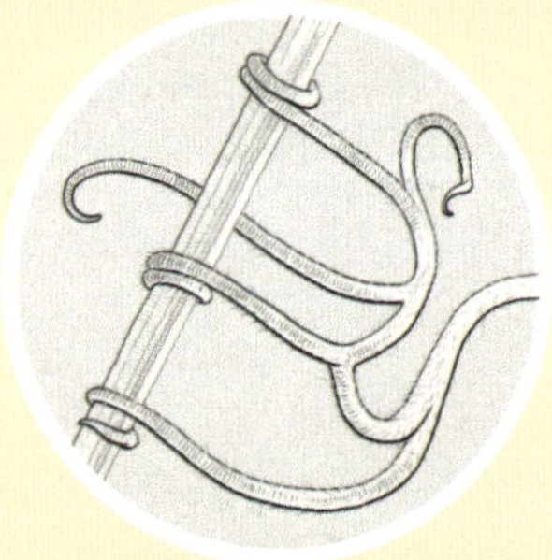

RANKE

Pflanzen stehen ständig in einem Konkurrenzkampf, der in Zeitlupe abläuft. Wenn man sie im Zeitraffer beobachten könnte, würde man sehen, wie sie an anderen Pflanzen emporklettern und sich ihren Weg bahnen, um zur Sonne zu gelangen.

DEM LICHT ENTGEGEN

Pflanzen reagieren auf äußere Reize, indem sie in bestimmter Weise wachsen (siehe S. 62–63). Diese Wachstumsprozesse nennt man Tropismen. Thigmotropismus ist die Reaktion auf Berührung oder Kontakt. Man sieht dieses Phänomen bei Kletterpflanzen häufig, bei denen es zu einer einseitigen Wachstumshemmung der Ranken oder Stängel kommt. Die Seite, die berührt wird, wächst langsamer als die gegenüberliegende Seite, sodass sich die Ranke oder der Stängel krümmt.

Wicken sind in den gemäßigten Breiten häufige Wildblumen, an deren Blattenden verzweigte Ranken ausgebildet sind. Diese machen kreisende Tastbewegungen, bis sie einen Stängel in der Nähe finden, an dem sie emporwachsen können.

Winden sind für die meisten Gärtner ein lästiges Unkraut. Anders als Wicken und andere Pflanzen mit Ranken klettern sie, indem sich ihre Stängel winden. Sie können die Vegetation in der Umgebung ersticken.

Nicht alle Pflanzen klettern an anderen Pflanzen empor. Wir haben gesehen, dass viele ihre Samen mit dem Wind verbreiten, und manche kommen niemals mit dem Erdboden in Kontakt. Pflanzen, die auf Ästen von Bäumen wachsen, bezeichnet man als Epiphyten oder Aufsitzerpflanzen. Sie sind keine Parasiten und stehlen dem Baum, auf dem sie leben, weder Nährstoffe noch Wasser. Einige, wie Bromelien, sammeln in ihren Blatttrichtern Regenwasser. In diesen Mikrokosmen leben Landkrabben, Amphibien, Tausendfüßer und andere Tiere. In den kleinen Teichen sammeln sich Nährstoffe, sodass diese Pflanzen auf Ästen wachsen können, weit entfernt vom Erdboden und ohne ständigen Zugang zu Wasser.

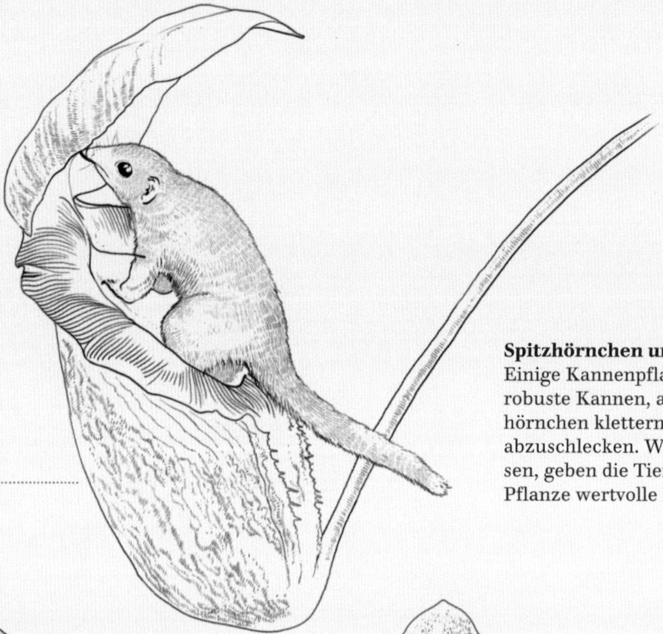

NEPENTHES RAJAH

Spitzhörnchen und *Nepenthes*
Einige Kannenpflanzen bilden robuste Kannen, auf die Spitzhörnchen klettern, um den Nektar abzuschlecken. Während sie fressen, geben die Tiere Kot ab, der der Pflanze wertvolle Nährstoffe liefert.

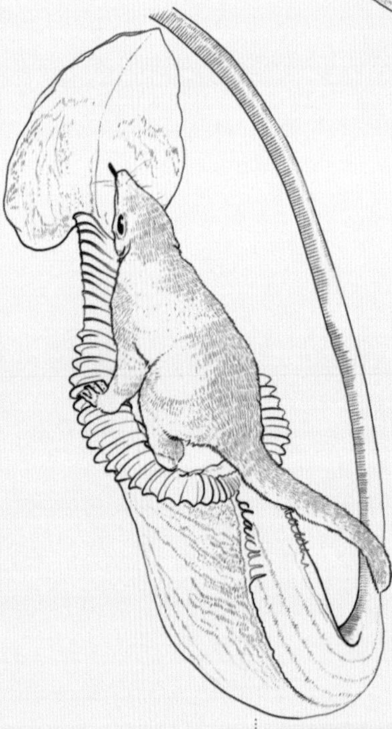

NEPENTHES MACROPHYLLA

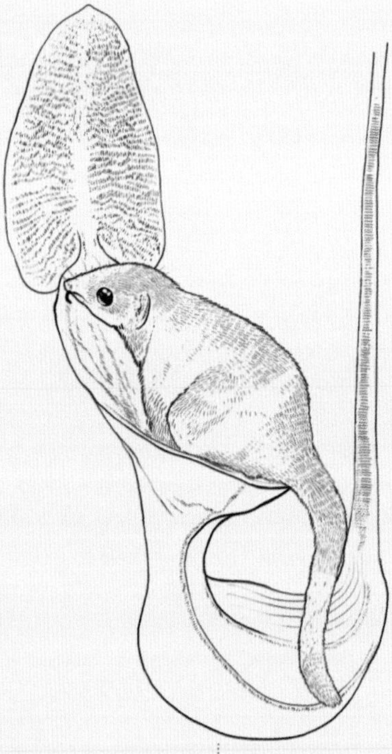

NEPENTHES LOWII

Pflanzen brauchen Sonnenlicht, Wasser und Nährstoffe wie z. B. Stickstoff, um wachsen zu können. An nährstoffarmen Standorten haben einige Arten faszinierende Maßnahmen ergriffen, um an Stickstoff zu gelangen.

FALLEN UND EXKREMENTE

Fleischfressende Pflanzen haben sich in Umgebungen entwickelt, in denen Nährstoffe knapp sind, wie in Sümpfen und Mooren, auf moosbewachsenen Ästen oder an vom Regen ausgewaschenen Berghängen. Ihre Blätter sind zu vielfältigen Strukturen umgebildet, um Beutetiere anzulocken, zu fangen und zu verdauen. Auf diese Weise können sie zusätzliche Nährstoffe aufnehmen. Es gibt fast 600 Arten fleischfressender Pflanzen, und DNA-Analysen haben gezeigt, dass sich diese Strategie unabhängig voneinander mehrere Male entwickelt hat. Diese Pflanzen bilden ganz unterschiedliche Fallen aus, wie klebrige Blätter (z. B. Sonnentau; siehe S. 183) oder Kannen (Kannenpflanzen).

In den Gebirgen in Südostasien gibt es etwa 200 Arten tropischer Kannenpflanzen (*Nepenthes*). Die Kannen sind oft bunt gefärbt und bilden zuckerhaltigen Nektar, der Insekten anlockt. Wenn sie den Nektar fressen, gleiten sie vom glitschigen Rand in einen Teich aus Verdauungsflüssigkeit, in dem sie sterben und zersetzt werden, sodass Nährstoffe frei werden, von denen die Pflanze profitiert.

SPITZHÖRNCHEN-TOILETTE Vor kurzer Zeit hat man entdeckt, dass eine Handvoll tropische Kannenpflanzenarten noch andere Nährstoffquellen nutzen. *Nepenthes lowii*, *N. rajah* und *N. macrophylla* bilden große, verholzte Kannen mit weiten Öffnungen. Die Form und Größe der Kannenöffnung ist genau passend für Hochland-Spitzhörnchen (*Tupaia montana*). Während die Säugetiere den Nektar an der Innenseite des Deckels abschlecken, lassen sie ihren Kot in die Kanne plumpsen, der die Pflanze mit wichtigen Nährstoffen versorgt. Eine andere Kannenpflanzenart, *N. hemsleyana*, bildet schlanke Kannen, in denen Fledermäuse ruhen. Für diese Pflanzenart ist der Kot der Fledermäuse eine wichtige Nährstoffquelle.

Die meisten Pflanzen leben harmonisch mit Pilzen zusammen. Bei einer Handvoll Familien jedoch beuten die Pflanzen die Pilze aus.

PILZE BEKLAUEN

Pflanzen und Pilze kommen in jedem Lebensraum an Land nebeneinander vor. Pflanzen sind Produzenten, die mithilfe der Energie der Sonne aus Kohlendioxid und Wasser Zucker bilden. Pilze dagegen sind Zersetzer, die organisches Material aufbrechen, um Nährstoffe und Energie zu erhalten. Beide Organismengruppen sorgen gemeinsam dafür, dass die Ökosysteme funktionieren.

PILZE AUSTRICKSEN Wie wir bereits auf S. 56–59 sehen konnten, leben einige Pflanzenarten auf Kosten anderer Pflanzen, und einige wenige Pflanzenarten ernähren sich parasitisch von Pilzen. Diese sogenannten Mykoheterotrophen leben auf Kosten von Mykorrhizapilzen. Sie besitzen wenig oder kein Chlorophyll und betreiben keine Fotosynthese, sondern nehmen Kohlenstoffverbindungen von den Pilzen auf, geben ihnen aber dafür nichts zurück. In älteren Texten nennt man die Mykoheterotrophen Saprophyten, aber inzwischen weiß man, dass das nicht richtig ist. Saprophyten (unter ihnen viele Pilze) zersetzen verrottende Pflanzenteile, wozu Pflanzen nicht in der Lage sind.

Mykoheterotrophe Arten haben sich in mehreren Pflanzenfamilien entwickelt, vor allem bei den Einkeimblättrigen (siehe S. 36–37) und in der Familie Ericaceae, wie *Allotropa virgata*, eine auffällig gefärbte Art, die in Wäldern im Nordwesten der USA wächst, und die Schneepflanze (*Sarcodes sanguinea*).

MÉNAGE À TROIS? Weil diese Pflanzen ihre Nährstoffe von Mykorrhizapilzen bekommen, die wiederum eine Symbiose mit anderen (grünen, d. h. autotrophen) Pflanzen unterhalten, kann man Mykoheterotrophe als Epiparasiten bezeichnen: Sie beuten ein Lebewesen unter Vermittlung eines Dritten aus. In anderen Worten: Mykoheterotrophe nehmen über eine Pilzverbindung (einen »Symbionten«) Kohlenstoffverbindungen auf, die Bäume gebildet haben.

Eine Pilzbrücke
Mykoheterotrophe Pflanzen betreiben keine Fotosynthese, um Nährstoffe herzustellen. Stattdessen »klauen« sie Bäumen durch die Vermittlung eines Pilzes Kohlenstoff. In diesem Fall entnimmt die Schneepflanze in den immergrünen Wäldern Kaliforniens über eine Wurzeltrüffel einer Pracht-Tanne Kohlenstoffverbindungen.

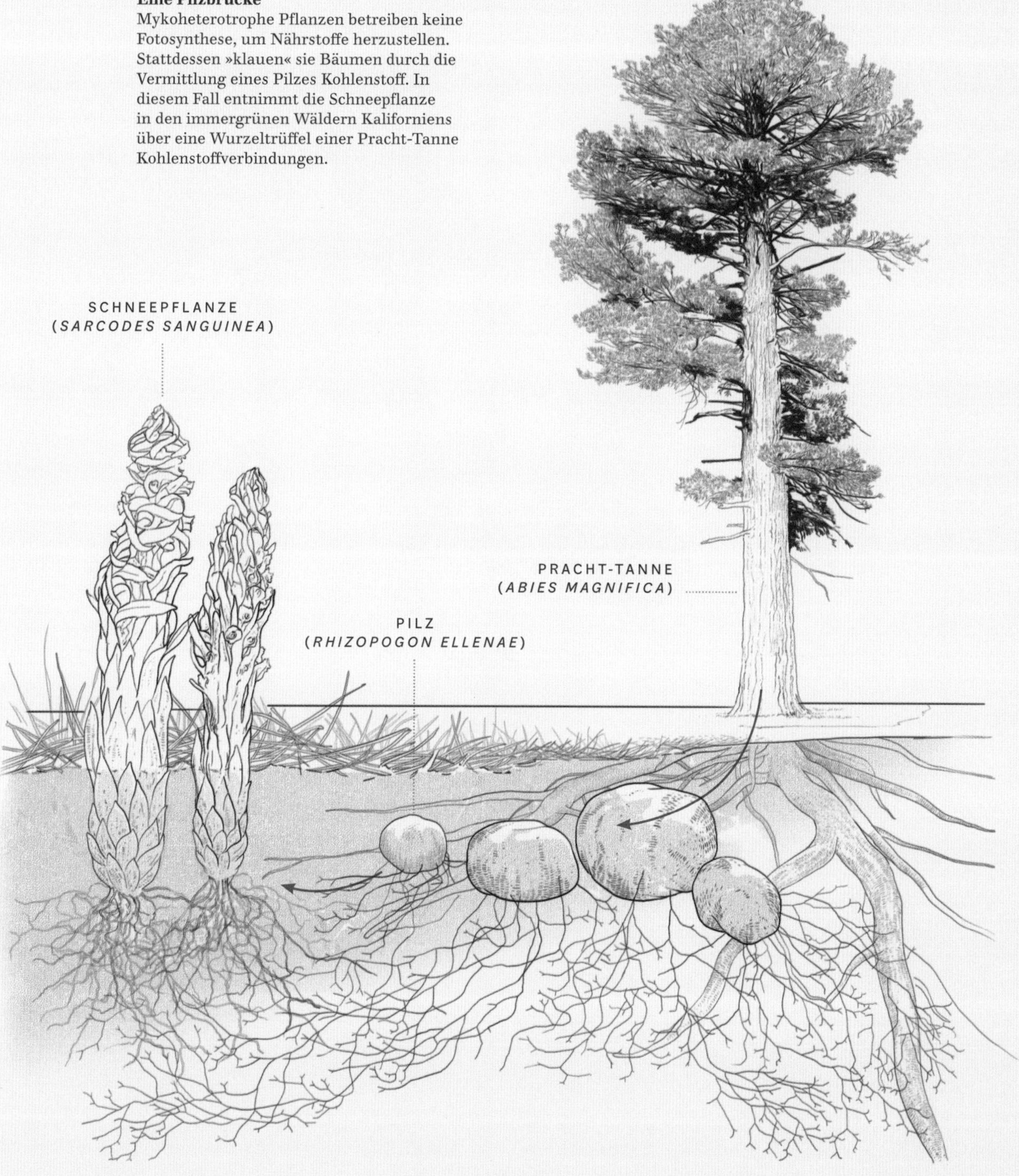

Cerinthe major

KLASSIFIZIEREN

KAPITEL IV

DIE WISSENSCHAFT bringt ein System in die scheinbar unermessliche Vielfalt der Wildpflanzen, indem sie sie nach ihrer genetischen Verwandtschaft und basierend auf DNA-Analysen Familien zuordnet. Weltweit gibt es mehr als 600 Pflanzenfamilien. In diesem Kapitel werden 17 bedeutende Familien vorgestellt und einige ihrer wichtigsten Merkmale besprochen.

FERULA ASSA-FOETIDA

Asant

GRÖSSE 2 m hoch.

HABITAT & ÖKOLOGIE Trockene Hänge.

VERBREITUNG Iran (verwandte Arten kommen im Nahen Osten und in China vor).

Aus dieser Pflanze, die auch Stinkasant oder Teufelsdreck genannt wird, gewinnt man ein Harz, das unter dem Namen Asafoetida als Gewürz verwendet wird. Hierzu wird der Milchsaft aus den Wurzeln, der einen stechenden Geruch hat, getrocknet und zermahlen. Das Gewürz hat einen ähnlichen Geschmack wie Lauch und wird aus der hier abgebildeten Art gewonnen. Einige nahe Verwandte nutzt man im Iran sowie in Afghanistan, Zentralasien, im nördlichen Südasien und im nordwestlichen China.

DOLDENBLÜTLER
APIACEAE

Die Doldenblütler sind eine Blütenpflanzenfamilie, die man früher als Umbelliferae bezeichnete. Zu ihr gehören bekannte essbare Arten: Wurzelgemüse wie Karotten und Pastinaken, Kräuter wie Dill, Sellerie, Petersilie, Kerbel und Koriander, Gewürze wie Anis und Kreuzkümmel und viele mehr. Auch etliche giftige Arten, wie der Riesen-Bärenklau und der Schierling, sind Doldenblütler. Es handelt sich um eine der größten Familien der Blütenpflanzen, zu der etwa 3800 Arten in mehr als 400 Gattungen gehören.

Die meisten Doldenblütler sind ein- oder mehrjährige Kräuter, deren Blätter am Stängel sitzen oder eine Rosette am Grund bilden. Häufig sind sie gefiedert. Oft stehen die Blütenstände an langen, verzweigten Stielen. Die Blätter und Stängel riechen meist aromatisch oder unangenehm, wenn man sie zerreibt. Ein Hauptmerkmal der Familie sind die Doppeldolden: Kleine Blüten bilden diese scheiben- oder schirmförmigen Blütenstände. Die einzelnen Blüten sind meistens zweigeschlechtlich (sie enthalten männliche und weibliche Blütenteile) und radiärsymmetrisch mit fünf Kronblättern, obwohl außen an den Blütenständen oft bilateralsymmetrische Blüten gebildet werden. Sie sind häufig weiß oder gelb, können aber auch andere Farben haben. Die Frucht ist eine Spaltfrucht aus zwei verwachsenen Fruchtblättern, die in Merikarpien zerfällt, wenn sie reif ist. Jede Frucht enthält einen einzigen Samen (siehe S. 48–49).

FERULA COMMUNIS
Riesenfenchel

GRÖSSE Bis 2 m hoch.

HABITAT & ÖKOLOGIE Trockenes Hügelland und Straßenränder; Macchie (Hartlaubgebüsche).

VERBREITUNG Mittelmeerraum; in Europa bis in den Norden Großbritanniens verwildert.

Riesenfenchel ist viel größer als die entfernt verwandte Gemüsepflanze (*Foeniculum vulgare*). Er hat eine tief reichende Pfahlwurzel und mehrfach gefiederte Blätter. Im Frühling bildet die Pflanze sehr hohe Stängel und gelbe Blütenstände, die noch lange stehen bleiben, nachdem sie abgestorben sind. Riesenfenchel hat in der Pflanzenheilkunde eine lange Geschichte und kann für Nutztiere giftig sein. Sie meiden ihn deshalb, sodass man ihn in beweideten Gebieten häufig sieht.

THAPSIA VILLOSA
Behaarte Purgierdolde

GRÖSSE Bis 1 m hoch.

HABITAT & ÖKOLOGIE Trockene Hänge und steinige Weideflächen; Macchie (Hartlaubgebüsche).

VERBREITUNG Atlantikküsten und westlicher Mittelmeerraum.

Die Arten der Gattung *Thapsia* ähneln den Riesenfencheln (*Ferula* spp.) ein wenig. Es sind ausdauernde Pflanzen mit grundständigen Rosetten aus fiederschnittigen Blättern und kräftigen Stängeln. Die Blüten der Doppeldolden sind gelb. Obwohl die Pflanzen wie *Ferula communis* in großen Mengen giftig sind, werden die *Thapsia*-Arten seit langer Zeit in der Pflanzenheilkunde eingesetzt. Sie enthalten Thapsigargin, einen Stoff, dessen medizinische Wirksamkeit erforscht wird, auch bei Covid-19.

HERACLEUM MANTEGAZZIANUM

Riesen-Bärenklau

GRÖSSE Bis 3 m hoch.

HABITAT & ÖKOLOGIE Feuchte Habitate.

VERBREITUNG Heimisch im West-Kaukasus; in West- und Mitteleuropa, den USA und Kanada vielerorts eingeschleppt.

Diese Pflanze wurde im 19. Jahrhundert in Großbritannien als kuriose Zierpflanze kultiviert und verbreitete sich an geeigneten Standorten auf der Nordhalbkugel. Sie ist phototoxisch, was bedeutet, dass ihr Saft schwere Verbrennungen und Blasen hervorrufen kann, sodass sich bleibende Narben bilden können. Deshalb gilt sie als unerwünschte invasive Pflanze.

CEROPEGIA DISTINCTA

Leuchterblume

UNTERFAMILIE Asclepiadoideae

GRÖSSE Stängel bis 3 m lang; Blüten 4 cm lang.

HABITAT & ÖKOLOGIE Saisonal trockene, tropische Gebüsche.

VERBREITUNG Südliches Afrika: Angola, Mosambik und Südafrika.

Diese Art gehört zu einer Gruppe von Pflanzen (Gattung *Ceropegia*), deren Blüten an Kerzenleuchter, Pfeifen, Röhren oder Regenschirme erinnern. Die Spitzen der fünf Kronblätter sind zu einem schirmartigen Gebilde verwachsen, das manchmal Anhänge trägt. Bei der hier abgebildeten Art ist diese auffällige, geometrische Struktur sehr ungewöhnlich und mit Borsten besetzt. Die Blüten werden von Fliegen bestäubt.

HUNDSGIFT-GEWÄCHSE
APOCYNACEAE

Zu dieser Familie gehören etwa 2400 Arten. Eine Unterfamilie, die Asclepiadoideae oder Seidenpflanzengewächse, ist weltweit verbreitet. Früher galten die Seidenpflanzengewächse als eigene Familie (Asclepiadaceae), in der älteren Literatur ist dies noch so zu finden. Zu den Hundsgiftgewächsen gehören ausdauernde Kräuter, Kletterpflanzen und einige kleine Bäume. Viele Arten, die in trockenen oder halbtrockenen Regionen vorkommen, sind blattlose Sukkulenten.

Viele Hundsgiftgewächse besitzen ungewöhnliche fünfteilige Blüten, oft mit seltsamen Bestäubungsmechanismen. Manche Arten werden von Fliegen bestäubt. Mitglieder dieser Gruppe bilden Pollenpakete (Pollinien), die denen der Orchideen ähneln. Wie viele Orchideen haben einige Arten Täuschblumen ausgebildet (siehe S. 76–77). Die meisten Seidenpflanzengewächse bilden in zwei hornartigen Balgfrüchten viele Samen, was ein charakteristisches Merkmal der Gruppe ist.

Die Seidenpflanzen der Gattung *Asclepias* kommen in weiten Teilen Nord- und Südamerikas vor. Die Raupen vieler Schmetterlinge, wie die des Monarchfalters, ernähren sich von ihren Blättern, deren Milchsaft bewirkt, dass die Raupen und Schmetterlinge schlecht schmecken, und so von Fressfeinden gemieden werden.

APTERANTHES EUROPAEA

UNTERFAMILIE Asclepiadoideae

GRÖSSE Triebe bis 15 cm; Blüten 2 cm Durchmesser.

HABITAT & ÖKOLOGIE Trockene, sonnige Felsvorsprünge, steinige Hänge; eher selten und lokal.

VERBREITUNG Mittelmeerraum und Naher Osten: südöstliches Spanien, Süditalien, Marokko, Tunesien, Libyen, Ägypten, Israel, Palästina, Jordanien.

Diese charakteristische kleine Sukkulente wächst in trockenen, steinigen Habitaten im südlichen Europa und im Nahen Osten. Sie hat fingerdicke graue, vierrippige Triebe, an denen sich nach einem Regen gestreifte, seesternartige Blüten in Gruppen öffnen, die von Fliegen bestäubt werden. Nach der Befruchtung entwickeln sich aus ihnen paarige, hornförmige Balgfrüchte. Sie entlassen geflügelte Samen, die vom Wind verbreitet werden.

PERIPLOCA APHYLLA

Baumschlingen-Art

UNTERFAMILIE Asclepiadoideae

GRÖSSE Bis 2 m hoch; Blüten 1 cm Durchmesser.

HABITAT & ÖKOLOGIE Sonnige, steinige Hänge.

VERBREITUNG Naher Osten: Israel und Palästina, Sudan, Sinai- und Arabische Halbinsel und nordwestliches Indien.

Periploca ist eine Gattung sukkulenter, oft kletternder Sträucher, die bei trockenen, schwierigen Bedingungen gedeihen. Die hier abgebildete Art ist ein Xerophyt (eine an trockene Standorte angepasste Art) mit graugrünen, bleistiftdicken Trieben. Die spinnenartigen Blüten stehen in lockeren Gruppen. Sie sind violettschwarz mit weißen Haarbüscheln und gekrümmten, dornenartigen Fortsätzen.

ASCLEPIAS SYRIACA

Gewöhnliche Seidenpflanze

UNTERFAMILIE Asclepiadoideae

GRÖSSE Bis 1,5 m hoch.

HABITAT & ÖKOLOGIE Grasland, Wegränder, Viehweiden.

VERBREITUNG In weiten Teilen Nordamerikas häufig; in großen Gebieten verwildert und lokal invasiv, z. B. im östlichen Europa.

Diese ausdauernde Pflanze wird auch Echte Seidenpflanze genannt. Sie ist bei Monarchfaltern sehr beliebt, die ihre Eier an ihr ablegen. Sie hat sukkulente Stängel, die einen Milchsaft absondern, wenn sie abbrechen. Die blass violettrosa Blüten stehen in kugeligen Blütenständen und locken viele Insekten an, die Nektar trinken.

AMORPHOPHALLUS PAEONIIFOLIUS
Elefantenkartoffel

GRÖSSE Bis etwa 150 cm hoch; Knolle etwa 40 cm Durchmesser.

HABITAT & ÖKOLOGIE Unterwuchs tropischer Regenwald-Ökosysteme; wird häufig auch in Gärten und von Kleinbauern angepflanzt.

VERBREITUNG Stammt wahrscheinlich aus Südostasien, wird heute in weiten Teilen der Tropen kultiviert; in Indien pflanzt man die Art häufig an.

Diese ungewöhnlich aussehende Pflanze bildet große, schirmartige Blätter, die aus einer unterirdischen Knolle austreiben. Nachdem das Blatt abgestorben ist, wird ein Blütenstand gebildet, oft während der Regenzeit. Der obere Teil des sonderbaren, runzeligen Kolbens verströmt einen unangenehmen Geruch, der Fliegen anlockt. Die Früchte sind Beeren, die sich am langen Kolben entwickeln.

ARONSTAB-GEWÄCHSE
ARACEAE

Die Aronstabgewächse sind eine Familie einkeimblättriger Pflanzen mit etwa 140 Gattungen. In den Tropen sind sie besonders vielfältig, aber sie kommen in den meisten großen Ökosystemen an Land vor. Wie auf S. 74–75 beschrieben, sitzen an der Basis eines Kolbens (Spadix) kleine Blüten, die von einem Hochblatt (Spatha) umgeben sind. Viele Arten halten ihre Bestäuber über Nacht in einer kammerartigen Struktur (Reusenfalle) gefangen. Bei den meisten Aronstabgewächsen sitzen die getrennten männlichen und weiblichen Blüten am selben Kolben. Bei diesen Arten sind die weiblichen Blüten nicht mehr fruchtbar, wenn die männlichen Blüten reifen – ein Mechanismus, der Selbstbestäubung verhindert. Einige Arten sind zweihäusig, was bedeutet, dass männliche und weibliche Blüten an verschiedenen Pflanzen erscheinen.

Einige tropische Aronstabgewächse haben riesige Blätter mit mehr als 1 m Durchmesser. Zur Familie gehören auch die größten unverzweigten Blütenstände: die der Titanenwurz (*Amorphophallus titanum*). Zu den essbaren Aronstabgewächsen gehört die tropische Elefantenkartoffel (siehe gegenüber), Taro (*Colocasia esculenta*) und die Früchte des Köstlichen Fensterblatts (*Monstera deliciosa*), das außerdem eine beliebte Zimmerpflanze ist. Viele Mitglieder der Familie sind giftig, wie der Gefleckte Aronstab (*Arum maculatum*) und seine Verwandten.

ARUM MACULATUM

Gefleckter Aronstab

GRÖSSE Bis 40 cm hoch.

HABITAT & ÖKOLOGIE Wälder, Hecken und Dickichte, manchmal in Gärten. Kommt in warmen Regionen nur in Bergwäldern vor.

VERBREITUNG In weiten Teilen Europas, auch im Osten der Türkei und im Kaukasus. Weiter südlich in Hochlagen.

Diese bekannte Wildblume wächst in Wäldern und unter Hecken und blüht im Frühjahr. Die derben, glänzenden pfeilförmigen Blätter erscheinen zum Ende des Winters und sind manchmal dunkel gefleckt. Der Kolben ist schokoladenbraun und das Hochblatt (Spatha) hellgrün. In England hat keine andere Pflanze so viele Namen.

ARISAEMA TRIPHYLLUM
Dreiblättriger Feuerkolben

GRÖSSE Bis 40 cm hoch.

HABITAT & ÖKOLOGIE Verschiedene schattige Habitate, wie feuchte Wälder, Sümpfe und Feuchtgebiete.

VERBREITUNG In Nordamerika weit verbreitet.

Das Artepitheton *triphyllum*, »dreiblättrig«, bezieht sich auf die typischen dreiteiligen Blätter (hier sind sie nicht abgebildet). Das Hochblatt (Spatha) ist auffällig gestreift. Die Pflanze enthält Oxalsäure. Sie kann deshalb giftig sein, wenn man sie isst, aber beim Kochen löst sich ein Teil der Säure im Wasser. Traditionell isst man diese Art als Wurzelgemüse.

ARISARUM PROBOSCIDEUM
Mäuseschwanz

GRÖSSE Bis 15 cm hoch.

HABITAT & ÖKOLOGIE Schattige Habitate wie Wälder und Dickichte.

VERBREITUNG Südliches Europa, Spanien und Italien.

Dieses seltsame Aronstabgewächs hat ein haubenartiges schokoladenbraunes Hochblatt (Spatha), das an der Spitze in einen fadenförmigen Fortsatz ausläuft, der an einen Mäuseschwanz erinnert, daher der deutsche Name. Wie bei vielen Aronstabgewächsen krabbeln kleine bestäubende Insekten (in diesem Fall Pilzmücken) in die Reusenfalle am Grund der Spatha und werden einige Zeit gefangen gehalten. In Großbritannien, Neuseeland und Nordamerika kultiviert man die Pflanze als Kuriosität.

ARGYROXIPHIUM SANDWICENSE

Silberschwert

GRÖSSE Bis 2 m hoch.

HABITAT & ÖKOLOGIE Steinige Vulkanhänge in über 2100 m Höhe; selten und gefährdet; ist wegen Beweidung viel seltener geworden.

VERBREITUNG Hawaii.

Das Silberschwert kommt auf Hawaii vor und ist eine der spektakulärsten Arten der großen Familie der Korbblütler. Es bildet Blattrosetten, die mit silbrigen Haaren bedeckt sind und einen sehr hohen Blütenstand. Die Pflanze wird mehrere Jahrzehnte alt und blüht nur ein einziges Mal. Danach stirbt sie ab. Die silbrigen Haare schützen sie vor den extremen Bedingungen in ihrem exponierten Habitat.

KORBBLÜTLER
ASTERACEAE

Die Korbblütler bilden die zweitgrößte Familie der Blütenpflanzen (Asteraceae, die früher als Compositae bezeichnet wurde). Nur die Familie der Orchideen (Orchidaceae) hat mehr Mitglieder. Zur Familie der Korbblütler gehören schätzungsweise 33 000 Arten in fast 2000 Gattungen, und man unterteilt sie in 13 Unterfamilien. So beliebte Garten- und Nutzpflanzen wie Astern, Ringelblumen, Sonnenblumen und Kopfsalat sind Korbblütler.

Die meisten Arten sind einjährige, zweijährige oder ausdauernde krautige Pflanzen, aber einige Korbblütler sind Sträucher, Kletterpflanzen und Bäume. Viele bilden lange Pfahlwurzeln (siehe S. 43) und sondern einen Milchsaft ab, wenn man sie anritzt (Mitglieder der Unterfamilie Cichorioideae). Die Familie ist kosmopolitisch verbreitet und kommt von der subpolaren Zone bis in die Tropen vor. Die Pflanzen wachsen in vielfältigen Habitaten, wie in Wüsten und Steppen, Gebirgen und Regenwäldern. Man findet sie auf jedem Kontinent außer in der Antarktis. Das gemeinsame Merkmal der Arten dieser Familie ist, dass sie kleine Blüten in Blütenkörbchen bilden, die von einem Involucrum (Hüllkelch) (siehe S. 235) umgeben sind. Die Blüten in der Mitte des Körbchens nennt man Röhrenblüten und die am Rand Zungenblüten. Deshalb handelt es sich z. B. bei einer Sonnenblume nicht um eine Blüte, sondern um einen Blütenstand (ein Körbchen).

PALLENIS HIEROCHUNTICA

Rose von Jericho

GRÖSSE 10 cm Durchmesser.

HABITAT & ÖKOLOGIE Hänge in Wüsten.

VERBREITUNG Makaronesien, Nordafrika und Naher Osten.

Diese Pflanze, die auch »Auferstehungspflanze« genannt wird, ist an extrem trockene Habitate angepasst. Sie wächst in Wüsten und erwacht zum Leben, wenn nach einer langen Trockenzeit wieder Regen fällt. Bei dieser Art öffnet sich der geschlossene, trockene Körbchenboden wieder, wenn er feucht wird. Die Pflanze bildet eine kleine Rosette aus seidig behaarten Blättern und einen gelben Blütenstand im Zentrum, der an ein Gänseblümchen erinnert.

PETASITES HYBRIDUS

Gewöhnliche Pestwurz

GRÖSSE Blätter bis 1,2 m Durchmesser; Stiel des Blütenstands bis 20 cm lang.

HABITAT & ÖKOLOGIE Feuchte Habitate wie Flussufer und überflutete Wiesen.

VERBREITUNG In Europa von den Britischen Inseln bis zum Kaukasus und vom südlichen Italien bis ins südliche Skandinavien heimisch. Ähnliche Arten sind in den gemäßigten Breiten weltweit verbreitet.

Die Pestwurz bildet in feuchten, schattigen Habitaten Bestände. In ihre großen Blätter (die sich nach der Blüte entfalten, nicht abgebildet) wickelte man früher Butter ein. Die Pflanze ist zweihäusig (die männlichen und weiblichen Blüten entwickeln sich an getrennten Pflanzen).

BELLIS PERENNIS

Gänseblümchen

GRÖSSE Bis 20 cm hoch; Blütenkörbchen ca. 2 cm Durchmesser.

HABITAT & ÖKOLOGIE Häufig in Wiesen und Rasenflächen und an anderen grasbewachsenen Stellen, auf Ruderalflächen.

VERBREITUNG Heimisch in West-, Mittel- und Nordeuropa, fast weltweit in den gemäßigten Breiten eingeschleppt.

Diese bekannte Pflanze bildet Blütenkörbchen mit gelben Röhrenblüten, die von weißen Zungenblüten umgeben sind, deren Spitzen oft rot gefärbt sind. Die Früchte (Achänen, siehe S. 49) tragen keine Schirmchen. Das Gänseblümchen wird seit Jahrhunderten in der traditionellen Pflanzenheilkunde verwendet und man kultiviert sie als Topfpflanze.

ECHIUM WILDPRETII

Wildprets Natternkopf

GRÖSSE Bis 3 m hoch.

HABITAT & ÖKOLOGIE Steinige Vulkanhänge, die zu bestimmten Jahreszeiten trocken sind.

VERBREITUNG Endemisch auf den Kanarischen Inseln (vor allem im Nationalpark um den Pico del Teide auf Teneriffa); wird weltweit in Gärten kultiviert.

Diese beeindruckende Pflanze ist auf den Kanarischen Inseln ein spektakulärer Anblick und auch bei Gärtnern beliebt, die sie in mildem Klima kultivieren. Sie ist zweijährig und bildet im ersten Jahr eine Rosette aus silbrigen Blättern aus. Im folgenden Jahr entwickelt sich ein hoher, kegelförmiger Blütenstand mit roten Blüten, der für Bienen sehr attraktiv ist. Die Pflanze ist monokarp (einmal fruchtend) und stirbt nach der Blüte ab.

RAUBLATT-GEWÄCHSE

BORAGINACEAE

Borretsch, Vergissmeinnicht und ihre Verwandten gehören zu dieser Familie mit etwa 2000 einjährigen und ausdauernden krautigen Arten, Sträuchern und Bäumen, die weltweit verbreitet sind. Die meisten Arten bilden zweigeschlechtliche Blüten (sie besitzen männliche und weibliche Blütenteile). Weil sie viel Nektar bilden, sind sie für bestäubende Bienen sehr attraktiv.

Gemeinsame Merkmale der Raublattgewächse sind: die Blütenstände sind zymös; fünfzählige Blüten, die viele Farben haben können; kleine, trockene Früchte (Klausenfrüchte), die oft viergeteilt sind. Die Blätter und Stängel sind mit borstigen Haaren bedeckt und fühlen sich oft rau an, weil sie viel Siliziumdioxid und Kalziumkarbonat enthalten. Wenn man sie berührt, kann es zu unangenehmen Hautreaktionen kommen. Ein weiteres gemeinsames Merkmal dieser Pflanzen ist ein Farbwechsel der Blüten. Oft sind sie zunächst rosa oder rot und färben sich später blau oder weiß. Dies ist für Bestäuber ein Signal, dass die Blüten bereits besucht wurden.

Vergissmeinnicht (*Myosotis*) sind eine bekannte Gattung der Raublattgewächse. Sie kommen weltweit in den gemäßigten Breiten vor, die meisten Arten findet man im westlichen Eurasien, oft an feuchten Standorten. Sie tragen zahlreiche himmelblaue Blüten und sind beliebte Gartenpflanzen.

BORAGO OFFICINALIS
Borretsch

GRÖSSE Bis 60 cm hoch.

HABITAT & ÖKOLOGIE Umgebrochene Böden.

VERBREITUNG Im Mittelmeerraum heimisch, wird vielerorts in Gärten gepflanzt und verwildert oft.

Borretsch wird seit langer Zeit von Menschen genutzt. In der Antike glaubten griechische Pflanzenkundige, dass Borretsch ein Heilmittel gegen Vergesslichkeit sei, wenn man ihn zerkleinert und Wein beimischt. Seit damals nutzt man ihn zu verschiedenen Zwecken – in jüngerer Zeit ist er eine Zutat zum Drink »Pimm´s und Gin«. Die Pflanze hat sternförmige blaue (manchmal auch rosa oder weiße) Blüten, deren Staubblätter einen dunkelvioletten Streukegel mit weißem Grund bilden.

CERINTHE MAJOR
Große Wachsblume

GRÖSSE Bis 20 cm hoch.

HABITAT & ÖKOLOGIE Verbreitet, sandige und grasbewachsene Standorte.

VERBREITUNG Heimisch im Mittelmeerraum, wird jedoch manchmal in Gärten gepflanzt, von wo aus sie verwildert.

Wenn sich die nickenden, glockenförmigen Blüten der Wachsblume öffnen, locken sie zahlreiche Bienen und andere Insekten an. Die reifen Früchte zerbrechen in zwei Teile, anders als bei den meisten Mitgliedern der Familie, deren Früchte in vier Teile zerfallen. Wie Borretsch wird die Art seit langer Zeit geschätzt und ist in frühen Kräuterbüchern abgebildet. Sie ist eine beliebte Gartenpflanze, die man leicht aus Samen ziehen kann.

ONOSMA ERECTUM
Lotwurz-Art

GRÖSSE Pflanze etwa 30 cm hoch; Blüten bis 2,5 cm lang.

HABITAT & ÖKOLOGIE Felsen und trockene, steinige Hänge in Kiefernwäldern.

VERBREITUNG Kommt nur im südlichen Griechenland und auf Kreta vor.

Trotz des Artepithetons *erectum* sind die Blüten dieser Pflanze nickend. Wie viele Mitglieder der Familie ist die Pflanze mit weißen, borstigen Haaren bedeckt. Die hübschen, glockenförmigen Blüten sind buttergelb. Mehrere *Onosma*-Arten werden ihrer ungewöhnlichen Blüten wegen in Stein- oder Alpengärten kultiviert.

MAMMILLARIA HERRERAE

Warzenkaktus-Art

GRÖSSE 8 cm hoch.

HABITAT & ÖKOLOGIE Trockenes, offenes Buschland, zwischen Felsen und Steinen.

VERBREITUNG Mexiko (Guanajuato bis Hidalgo); gefährdet, weil die Art illegal gesammelt wird.

Dieser kleine Warzenkaktus bildet einen kugeligen Spross, dessen Warzen mit dicht stehenden, feinen weißen Dornen besetzt sind, die wie Sterne aussehen. Die weißlichen, kugeligen Pflanzen erinnern auf sonderbare Weise an Golfbälle. An älteren Pflanzen öffnen sich pinkfarbene bis violettrote Blüten, die ringförmig um den Spross angeordnet sind.

KAKTEENGEWÄCHSE
CACTACEAE

Kakteen sind die Mitglieder der Familie der Kakteengewächse, zu der etwa 130 Gattungen mit fast 2000 Arten gehören. Alle Arten sind Sukkulenten (Pflanzen mit fleischigen Sprossen oder Blättern, in denen Wasser gespeichert ist). Wie wir auf S. 54–55 gesehen haben, ähneln die Kakteen Arizonas und Zentralamerikas den sukkulenten Euphorbien in Afrika und auf den Kanarischen Inseln in bemerkenswerter Weise. Man kann somit sagen, dass alle Kakteen Sukkulenten sind, aber nicht alle Sukkulenten sind Kakteen.

Kakteen gibt es in vielen Formen und Größen, von fassförmigen, flaschenförmigen und rundlichen Arten bis hin zu baumhohen Pflanzen. Sie sind in Amerika heimisch, und die meisten kommen an trockenen Standorten vor – sogar in einigen der trockensten Regionen der Erde. Hier haben sie mit ihrer Fähigkeit, Wasser zu speichern, einen großen Vorteil gegenüber anderen Pflanzen. Die meisten Kakteen haben ihre echten Blätter im Lauf der Evolution verloren, weil dies den Wasserverlust durch Verdunstung vermindert. Die Fotosynthese findet deshalb in den verdickten Sprossen statt. Viele Kakteen haben kräftige Dornen, die durstige Tiere davon abhalten, die saftigen Sprosse zu fressen.

CARNEGIEA GIGANTEA

Saguaro

GRÖSSE Bis 12 m hoch.

HABITAT & ÖKOLOGIE Wüsten; der Saguaro gilt als Schlüsselart, weil er vielen Tieren einen Lebensraum bietet.

VERBREITUNG Sonora-Wüste in Arizona, mexikanischer Bundesstaat Sonora, lokal in Kalifornien.

Dieser enorm hohe Kaktus mit seinen kolossalen Sprossen kann hundert Jahre alt werden. Er nimmt nach einem Regen rasch Wasser auf und die gerippten Sprosse dehnen sich dann innerhalb von Stunden aus. Die Blüte ist die Staatsblume Arizonas. Man hat den Saguaro-Nationalpark in diesem Bundesstaat eingerichtet, um die Pflanze und den Lebensraum, in dem sie vorkommt, zu schützen.

FEROCACTUS WISLIZENI

Fasskaktus-Art

GRÖSSE 1–2 m hoch.

HABITAT & ÖKOLOGIE Wüsten; oft nach Süden gekrümmt, wird deshalb auch »Kompass-Fasskaktus« genannt.

VERBREITUNG Nördliches Mexiko, Süden der USA.

Als Fasskakteen bezeichnet man verschiedene Mitglieder aus zwei Gattungen: *Echinocactus* und *Ferocactus*. Die hier abgebildete Art nennt man auch »Angelhakenkaktus«, weil sie kräftige, hakenförmige Dornen hat. Die säulenartigen Sprosse können fast 1 m Durchmesser haben und über hundert Jahre alt werden. Die gelben bis orangeroten Blüten öffnen sich im Sommer und werden von Wildbienen (*Lithurgus*) bestäubt. Hirsche, Vögel und Erdhörnchen fressen die Kaktusfrüchte.

CORYPHANTHA ELEPHANTIDENS

Großwarziger Kaktus

GRÖSSE Bis 14 cm hoch.

HABITAT & ÖKOLOGIE Steinige Hänge in Wüsten; die Sprosse sind oft teilweise im Erdboden verborgen.

VERBREITUNG Arten der Gattung kommen in Zentralamerika, Mexiko, Arizona, New Mexico, im westlichen Texas und nördlich bis Montana vor. Die hier abgebildete Art ist in Mexiko heimisch.

Diese Art gehört zu einer Gattung mit etwa 60 Arten, deren Sprosse mit Warzen besetzt und nicht gerippt sind. Bei vielen Arten befindet sich oben ein Ring aus langen, dicken Dornen. In der Natur wachsen diese Kakteen oft in Gruppen und tragen hübsche und recht große rosa, weißliche oder gelbe Blüten.

LOBELIA DECKENII

Riesenlobelie

GRÖSSE Bis 5 m hoch.

HABITAT & ÖKOLOGIE Bergwiesen in 3800–4300 m Höhe.

VERBREITUNG Tansania.

Dieses ungewöhnliche Mitglied der Familie bildet enorm hohe Blütenstände, die einer großen Blattrosette mit derben Blättern entspringen. Eine Rosette wird mehrere Jahrzehnte alt und bildet nur einmal einen großen Blütenstand und Tausende Samen. Danach stirbt die Pflanze ab (man nennt dies Monokarpie). *L. telekii* ist eine recht ähnliche Art, die in der alpinen Zone am Mount-Kenya-Massiv, dem Mount Elgon und der Aberdare-Bergkette in Ostafrika vorkommt. Beide Lobelienarten werden von Vögeln bestäubt.

GLOCKENBLUMEN-GEWÄCHSE
CAMPANULACEAE

Zu den Glockenblumengewächsen gehören etwa 2000 Arten in 90 Gattungen. Es sind Kräuter, Sträucher und einige kleine Bäume, von denen manche einen Milchsaft absondern. Sie kommen auf allen Kontinenten außer in der Antarktis vor und man findet sie in vielfältigen Landschaften, von Regenwäldern bis in Wüsten. Einige haben sonderbare Wuchsformen ausgebildet, um den Umweltstress an ihrem Standort aushalten zu können. Im Hochgebirge wachsen z.B. Polsterpflanzen und die beeindruckenden Riesenlobelien, die an ihren exponierten Standorten am Kilimandscharo Nachtfrösten ausgesetzt sind. Andere Glockenblumengewächse haben hübsche Blüten und sind in den gemäßigten Breiten beliebte Gartenpflanzen, wie in Steingärten und auf alten Mauern. Die Marien-Glockenblume (*Campanula medium*) beispielsweise ist eine beliebte Zierpflanze.

Glockenblumengewächse haben typischerweise wechselständige Blätter, oft mit gezähnten Rändern. Gegen- oder quirlständige Blätter sind in der Familie selten. Es werden vielfältige Blütenstände ausgebildet. Bei einigen Gattungen stehen die Blüten in einer Formation, die oberflächlich an die der Korbblütler (Asteraceae; siehe S. 108–111) erinnert. Die Blüten sind typischerweise zweigeschlechtlich (mit männlichen und weiblichen Blütenteilen), die Kronblätter zu einer Röhre mit drei bis acht Lappen verwachsen und oft stern- oder glockenförmig – daher der Name der Gattung, der vom lateinischen Wort für Glocke, *campana*, abgeleitet ist.

CANARINA CANARIENSIS
Kanaren-Glockenblume

GRÖSSE Stängel bis 3 m; Blüten bis 6 cm lang.

HABITAT & ÖKOLOGIE Lorbeerwälder.

VERBREITUNG Westliche Kanarische Inseln.

Diese seltene Wildblume gehört zu einer Gattung mit drei Arten, die von den Kanarischen Inseln bis nach Ostafrika verbreitet ist. Sie ist eine kletternde bis kriechende ausdauernde Art mit gegenständigen, grob gezähnten Blättern. Die Blüten sind glockenförmig und orange mit dunkleren Adern und öffnen sich im Winter und Frühjahr an einjährigen kletternden Stängeln. Sie werden von Vögeln (z. B. von Zilpzalpen) bestäubt und entwickeln sich im Sommer zu großen, fleischigen essbaren Beeren. In kühleren Regionen wird die Pflanze in Gewächshäusern kultiviert.

CAMPANULA ROTUNDIFOLIA
Rundblättrige Glockenblume

GRÖSSE 30 cm hoch.

HABITAT & ÖKOLOGIE Trockene, nicht umgebrochene Böden, vor allem auf Wiesen.

VERBREITUNG In Europa und Nordamerika in den gemäßigten Breiten häufig.

Die eleganten, nickenden violetten Blüten sieht man im Verbreitungsgebiet der Art bei Spaziergängen in Wiesen und Sanddünen und an grasbewachsenen Hängen häufig. Die Blüten sind im Herbst eine wichtige Nektarquelle für Hummeln und Honigbienen. Die ausdauernde Art hat an der Basis nieren- bis herzförmige und weiter oben schmal lineale oder lanzettliche Blätter.

ARENARIA POLYTRICHOIDES

Sandkraut

GRÖSSE Blätter 2–3 mm lang; Blüten 1 mm Durchmesser.

HABITAT & ÖKOLOGIE Steinige Hänge und zwischen Felsen, bis in etwa 5000 m Höhe.

VERBREITUNG Himalaja: Kaschmir bis südöstliches Tibet (China).

Diese bemerkenswerte Art ist gut an kalte, trockene Gebirgshänge im Himalaja angepasst, wo sie ausschließlich vorkommt. Sie bildet dichte, moosähnliche Polster und hat kleine, sehr dicht stehende Blätter. Im Spätsommer öffnen sich unzählige kleine weiße Blüten mit je fünf Kronblättern an der Oberfläche der Polster.

CITRULLUS COLOCYNTHIS

Koloquinte

GRÖSSE Triebe bis 50 cm lang.

HABITAT & ÖKOLOGIE Zu bestimmten Jahreszeiten nasse Ebenen in der Wüste. Feuchte Habitate in sonst trockenen Regionen.

VERBREITUNG Kanarische Inseln, ostwärts bis Nordafrika und dem Nahen Osten.

Die Koloquinte ist eine Wüstenpflanze und wird ihrer Früchte wegen im Nahen Osten und im nördlichen Afrika als Heilpflanze kultiviert. Die extrem bitteren Panzerbeeren sind ein wirkungsvolles Abführmittel. Die Samen sind essbar. Anders als andere Mitglieder der Familie, die man so stark züchterisch verändert hat, dass sie ihren wilden Vorfahren kaum noch ähneln, unterscheiden sich die Kulturformen dieser Art kaum von den Wildformen. An den rau behaarten, kletternden Trieben bilden sich runde grüngelbe, fleckige Früchte. Wenn sie in der Sonne reifen, färben sie sich orangegelb.

KÜRBISGEWÄCHSE
CUCURBITACEAE

Zu den Kürbisgewächsen gehören fast 1000 Arten in 100 Gattungen. Als Wildpflanzen sind sie in verschiedenen Habitaten weltweit häufig. Viele werden seit sehr langer Zeit als Nahrungsmittel und Heilpflanzen kultiviert, vor allem die Mitglieder der Gattungen *Cucurbita* (Kürbisse und Zucchini), *Cucumis* (Gurken) und *Citrullus* (zu der die Wassermelone gehört). Viele Kürbisgewächse sind einjährige oder ausdauernde Kletterpflanzen, wie die Bittermelonen (*Momordica*), Flaschenkürbisse (*Lagenaria*) und Schwammkürbisse oder Luffa-Gurken (siehe S. 127). Die wild wachsen Verwandten und Stammarten dieser vielseitig einsetzbaren Pflanzen tragen Früchte in vielen Formen. Die charakteristische Kürbisfrucht ist eine modifizierte Beere, die man als Panzerbeere bezeichnet. Ein extremes Beispiel ist die Spritzgurke (siehe S. 50–51), deren Samen in die Luft »abgeschossen« werden.

Viele Kürbisgewächse sind einjährige oder ausdauernde Kletterpflanzen, wie die Rotfrüchtige Zaunrübe (*Bryonia dioica*), die man in Hecken häufig sieht, die aber anders als ihre essbaren Verwandten hochgiftig ist. Andere Wuchsformen, die in der Familie vorkommen, sind verholzte Lianen (Kletterpflanzen) in tropischen Regionen sowie auch Sträucher und Bäume. Viele tragen auffällige gelbe oder weiße Blüten und halten sich mit Ranken fest. Die Blüten sind eingeschlechtlich (sie besitzen entweder männliche oder weibliche Blütenteile) und stehen entweder an derselben Pflanze (einhäusige Arten) oder an verschiedenen Individuen (zweihäusige Arten). Weil die Kürbisgewächse seit so langer Zeit kultiviert und verwendet werden, ist es bei einigen Kulturpflanzen schwierig, die Arten zu ermitteln, von denen sie abstammen.

HODGSONIA MACROCARPA

GRÖSSE Kletternde Triebe bis 30 m lang.

HABITAT & ÖKOLOGIE Tropische Wälder; in vielen Regionen kultiviert.

VERBREITUNG Süd- und Südostasien: kontinentales Südostasien bis West-Malaysia.

Dies ist eine wuchskräftige verholzte, immergrüne Kletterpflanze, die sich mit ihren spiralförmigen Ranken festhält. Die ungewöhnlichen Blüten haben lange, fadenförmige Anhängsel und die kürbisähnlichen weißlichen bis gelblichen Früchte enthalten große, essbare Samen, die sehr ölhaltig sind. Die Pflanze wird in ihrer Heimatregion als Nahrungspflanze kultiviert und in der traditionellen Pflanzenheilkunde eingesetzt.

TRICHOSANTHES CUCUMERINA

Schlangenhaargurke

GRÖSSE Frucht bis 1 m lang.

HABITAT & ÖKOLOGIE Tropische Wälder; wird vielerorts kultiviert.

VERBREITUNG Wird als Gemüsepflanze und traditionelle Heilpflanze in weiten Teilen der Tropen kultiviert, wie in Südostasien, im tropischen Afrika und Madagaskar.

Dieses tropische Kürbisgewächs bildet schlangenähnliche Früchte, die bemerkenswert lang werden können. Sie sind weißlich, oft mit grünen Streifen, und färben sich rötlich, wenn sie reifen. Kleinbauern binden manchmal Steine an das untere Ende, damit sich die Frucht streckt. Wie *Hodgsonia macrocarpa* (siehe gegenüber) bildet diese Pflanze hübsche zarte, weiße Blüten.

LUFFA ACUTANGULA

Schwammgurke

GRÖSSE Frucht bis 30 cm lang.

HABITAT & ÖKOLOGIE Tropische Wälder und Ebenen, Küchengärten.

VERBREITUNG In ganz Asien; wächst in den Tropen als Wildpflanze (die abgebildete Form stammt aus Indien).

Zwei der neun Arten der Gattung *Luffa* werden in vielen Regionen angepflanzt: *L. aegyptiaca* und *L. acutangula* (hier abgebildet). Beide werden ihrer Früchte wegen kultiviert, die man als Gemüse isst und aus deren Fasern »Luffaschwämme« angefertigt werden, die man als Bade- und Spülschwämme verwenden kann. Während der langen Geschichte der Kultivierung hat man viele Sorten gezüchtet. Die hier abgebildete Form ist keine Wildpflanze.

COLUTEA ARBORESCENS

Gewöhnlicher Blasenstrauch

GRÖSSE Bis 3 m hoch.

HABITAT & ÖKOLOGIE Trockene Böschungen, Straßenränder, Gebüsche.

VERBREITUNG Heimisch im Mittelmeerraum; wird in anderen Regionen angepflanzt und ist in Mitteleuropa verwildert.

Dieser Strauch, dessen Blätter aus ovalen Fiedern zusammengesetzt sind, trägt gelbe Blüten mit rötlicher Zeichnung. Das auffälligste Merkmal dieser Pflanze sind die rötlich getönten, blasig aufgetriebenen Hülsenfrüchte, die sich zu papierartigen Gebilden entwickeln. Die Blätter haben eine harntreibende und abführende Wirkung und wurden früher als Ersatz für Senna als Abführmittel verabreicht, daher der englische Name »Bladder Senna«.

HÜLSENFRÜCHTLER
FABACEAE

Zu dieser großen und wirtschaftlich bedeutenden Pflanzenfamilie (die man auch als Leguminosen bezeichnet) gehören z. B. die Erbsen, Bohnen und Linsen. Hülsenfrüchte sind seit Jahrtausenden neben Getreiden und Obst Grundnahrungsmittel. Heute gehören zu den landwirtschaftlich bedeutenden Hülsenfrüchtlern die Sojabohne (*Glycine max*), Erbsen und Bohnen (*Pisum sativum* und *Vicia faba*), Bockshornklee (*Trigonella foenum-graecum*), Kichererbsen (*Cicer arietinum*) und Echtes Süßholz (*Glycyrrhiza glabra*). In den gemäßigten Breiten häufige Wildblumen sind Klee-Arten (*Trifolium*), Schneckenklee (*Medicago*) und Tragant (*Astragalus*). Einige Hülsenfrüchtler werden als Zierpflanzen in Gärten kultiviert, wie z. B. Lupinen (*Lupinus*).

Weltweit gibt es mehr als 750 Gattungen mit etwa 20 000 Arten, die viele Wuchsformen ausbilden, von einjährigen Kräutern bis hin zu großen Bäumen. Nach den Orchideen und den Korbblütlern ist dies die größte Pflanzenfamilie. Die meisten Hülsenfrüchtler erkennt man leicht. Sie haben zusammengesetzte (oft gefiederte) Blätter mit Nebenblättern (blattartigen Auswüchsen an der Basis der Blattstiele), zygomorphe (bilateralsymmetrische) Schmetterlingsblüten, die aus »Fahne«, »Flügeln« und »Schiffchen« bestehen und die namensgebenden Hülsenfrüchte bilden. Bei den meisten Arten leben in unterirdischen Wurzelknöllchen Bakterien, die Stickstoff fixieren (siehe S. 43). Einige Akazienarten (siehe S. 80–81) bilden faszinierende Symbiosen mit Ameisen aus.

ASTRAGALUS CRASSICARPUS
Büffel-Pflaume

GRÖSSE Bis 60 cm hoch.

HABITAT & ÖKOLOGIE Grasbewachsene Ebenen.

VERBREITUNG Große Ebenen in Kanada und den USA, von British Columbia östlich bis Ontario und südlich bis Texas; verwandte Arten weltweit in vielen Lebensräumen, von Gebirgen bis in Wüsten.

Astragalus ist eine der größten Gattungen der Hülsenfrüchtler. Die meisten Arten haben gefiederte Blätter (siehe S. 47) und die Blütenstände sind Trauben (siehe S. 235). An ihnen entwickeln sich Hülsenfrüchte in verschiedenen Formen und Größen. Die Früchte der hier abgebildeten Art nutzten indigene amerikanische Völker als Nahrungsmittel und Heilmittel für ihre Pferde.

MUCUNA NIGRICANS
Juckbohne

GRÖSSE Triebe mehrere Meter lang; Fiedern 15 cm lang.

HABITAT & ÖKOLOGIE Subtropische Wälder.

VERBREITUNG Die Gattung *Mucuna* ist in tropischen und subtropischen Wäldern in Nord- und Südamerika, Afrika südlich der Sahara, Asien, Neuguinea, Australien und auf den pazifischen Inseln weit verbreitet. Die oben abgebildete Art ist in Indien heimisch.

Die Juckbohne mit ihren auffälligen schwarzvioletten Blüten gehört zu einer Gattung verholzter Kletterpflanzen, die auch Brennhülsen genannt werden.

SWAINSONA FORMOSA
Wüstenerbse

GRÖSSE Blüten bis 9 cm lang.

HABITAT & ÖKOLOGIE Wüsten.

VERBREITUNG Zentrales und nordwestliches Australien.

Dies ist eine der auffälligsten Wüstenpflanzen, die in den trockenen Regionen im Zentrum und Nordwesten des australischen Kontinents wächst, wo es sehr selten regnet. Die Samen dieser Art überleben im ausgetrockneten Sand viele Jahre lang, bis es wieder regnet und die Bedingungen zum Keimen günstig sind. Nach einem Regen bilden die Keimlinge lange Wurzeln aus und die Pflanze wächst rasch heran. Sie bildet rot-schwarze Blüten und schon bald Früchte und Samen, bevor es wieder heiß und trocken wird.

IRIS ATROFUSCA

Bartiris-Art

GRÖSSE 50 cm hoch.

HABITAT & ÖKOLOGIE Zu bestimmten Jahreszeiten trockene Hänge, Wüsten.

VERBREITUNG Naher Osten.

Diese Art gehört zur Sektion *Oncocyclus,* die Bartiris mit Rhizomen zusammenfasst. Wie bei anderen Schwertlilien haben die Blüten zwei gestielte Blütenblattpaare: drei große äußere Blütenblätter, die man als Hängeblätter bezeichnet und drei innere, kleinere Blütenblätter, die sogenannten Domblätter. Die Blüten sind ungewöhnlich schwarzbraun mit einem schwarzen Fleck und einem dichten braunen Haarbüschel (dem Bart).

SCHWERTLILIEN-GEWÄCHSE
IRIDACEAE

Zu dieser Familie gehören neben den Schwertlilien, die auch Iris genannt werden, einige beliebte Gartenpflanzen, wie Krokusse, Freesien und Gladiolen. Die Familie gehört zu den Einkeimblättrigen (siehe S. 36–37) und die Arten sind ausdauernde Pflanzen mit Zwiebeln, Knollen oder Rhizomen. Die meisten wachsen aufrecht und haben streifenförmige oder grasähnliche Blätter, die oft gekielt sind. Früher stellte man die Schwertlilien und ihre Verwandten zu den Liliengewächsen (siehe S. 140–143), aber DNA-Sequenzierungen haben gezeigt, dass sie näher mit den Spargelartigen (Asparagales) verwandt sind, einer vielfältigen Ordnung, zu der auch die Orchideen gehören.

Diese Familie ist so groß und vielfältig, dass man sie in Unterfamilien unterteilt wie auch einige andere Pflanzenfamilien (z. B. die Korbblütler und Hülsenfrüchtler, siehe S. 108–111 und 128–131). Sie kommen in verschiedenen Lebensräumen auf der ganzen Erde vor. Weil ihre Wurzeln Speicherorgane sind, überleben viele Arten extreme Umweltbedingungen wie Kälte oder Trockenheit, indem sie in eine Ruhephase eintreten. Sie sind deshalb gut an das Leben in Wüsten, Sümpfen und Wäldern sowie an fast jeden anderen Lebensraum an Land angepasst. Viele der Arten haben zygomorphe Blüten, die enge Beziehungen zu spezialisierten Bestäubern ausgebildet haben, manchmal nur zu einer einzigen Tierart. Zu den Bestäubern gehören u. a. Wildbienen, Schmetterlinge und Nektarvögel.

IRIS RETICULATA
Netzblatt-Schwertlilie

GRÖSSE 15 cm hoch.

HABITAT & ÖKOLOGIE Berghänge.

VERBREITUNG Türkei und nördlicher Iran; wird oft in Gärten gepflanzt.

Diese Schwertlilie ist wahrscheinlich eher als eine beliebte Gartenpflanze statt als Wildblume bekannt. Man kann sie in den gemäßigten Breiten im Garten leicht aus einer Zwiebel ziehen. Sie gehört zu einer Gruppe von Schwertlilien, deren Zwiebelhäute faserig und netzartig sind. Die Pflanzen sind klein und blühen früh. Die Blüten sind typischerweise blau oder violett mit einem auffälligen gelb, weiß und schwarz gemusterten Fleck auf den Hängeblättern (den großen äußeren Blütenblättern).

IRIS PSEUDACORUS
Sumpf-Schwertlilie

GRÖSSE 1–1,5 m hoch.

HABITAT & ÖKOLOGIE Fluss- und Seeufer, Gräben.

VERBREITUNG In Europa, im westlichen Asien und im nordwestlichen Afrika weit verbreitet; in den USA invasiv.

Diese ausdauernde Pflanze bildet im stehenden oder langsam fließenden Wasser Bestände aus aufrechten, schwertförmigen Blättern, oft zusammen mit Rohrkolben (*Typha* spp.). Die Blüten sind sattgelb mit zarter brauner Zeichnung. Aus ihnen entwickeln sich Kapselfrüchte mit braunen Samen. Die Wurzeln und Blätter dieser Pflanze sind giftig.

CROCUS SATIVUS

Safran-Krokus

GRÖSSE 10 cm hoch.

HABITAT & ÖKOLOGIE Trockene Hänge; vielerorts verwildert.

VERBREITUNG Wahrscheinlich im östlichen Mittelmeerraum heimisch, heute in Eurasien verbreitet; wird auf der ganzen Nordhalbkugel kultiviert.

Aus diesem Krokus gewinnt man das Gewürz Safran, das aus den roten Griffeln und Narben besteht, die typisch für diesen Krokus sind. Der Safran-Krokus hat eine so lange Geschichte der Domestikation, dass er in der Natur unbekannt ist. Er stammt vielleicht von der ähnlichen Art *C. cartwrightianus* ab, die als »wilder Safran« bezeichnet wird. Beide Pflanzen blühen im Herbst.

UTRICULARIA VULGARIS
Gewöhnlicher Wasserschlauch

GRÖSSE Bis 40 cm hoch; Stängel unter Wasser bis 1 m lang.

HABITAT & ÖKOLOGIE Teiche, feuchte Gräben, Torfmoore und Sümpfe.

VERBREITUNG Geeignete Habitate in Asien und Europa.

Diese wurzellose, unter der Wasseroberfläche schwebende Pflanze bildet über dem Wasser an schlanken, aufrechten violettbraunen Stielen dottergelbe Blüten, die denen von Löwenmäulchen ähneln. Die Stängel treiben als dichtes Gewirr im Wasser und zwischen den fein verzweigten Blättern befinden sich zahlreiche Fangblasen, mit denen der Wasserschlauch kleine Wasserlebewesen erbeutet.

WASSERSCHLAUCH-GEWÄCHSE
LENTIBULARIACEAE

Zu dieser Familie gehören drei sehr unterschiedliche und ungewöhnliche Gattungen: Die Reusenfallen (*Genlisea*), die Fettkräuter (*Pinguicula*) und die Wasserschläuche (*Utricularia*). Alle sind fleischfressende Pflanzen wie die Kannen- und Schlauchpflanzen (siehe S. 90–91 und 152–155). Sie sind nicht mit diesen Gruppen verwandt, aber auch sie haben sich in nährstoffarmen Lebensräumen entwickelt, wie in Sümpfen, Mooren und Heidegebieten. Früh in der Evolution der Fettkräuter und ihrer Verwandten nahmen wahrscheinlich spezielle Drüsen zusätzliche Nährstoffe aus Insekten auf, die an den Blättern kleben blieben. Deshalb hatten die Pflanzen einen Selektionsvorteil gegenüber den Arten in ihrer Umgebung.

Die Fettkräuter sind eine Gattung mit etwa 120 Arten, die in Europa, Nordamerika, dem nördlichen Asien und in Süd- und Zentralamerika vorkommen. Sie bilden Rosetten aus konvexen, überlappenden fleischigen Blättern, die fettig glänzen, weil winzige Drüsen Fangsekrete absondern. Kleine Insekten, die auf der Suche nach Wasser sind, werden vom Glanz der Tröpfchen angelockt. Sie landen auf den Blättern und lösen die Produktion von noch mehr Fangsekret aus, sodass sie kleben bleiben. Nun werden Enzyme abgegeben, die die verdaulichen Organe des Insekts zersetzen. Diese Flüssigkeiten werden von der Pflanze durch winzige Poren aufgenommen und versorgen sie mit Nährstoffen.

Die Wasserschläuche sind eine Gattung mit fast 300 Arten, die (außer in Gebirgen und Wüsten) weltweit verbreitet sind. Sie fangen kleine Organismen wie Wasserflöhe mit Fangblasen, die im Boden oder unter Wasser ausgebildet werden.

UTRICULARIA INFLATA
Wasserschlauch-Art

GRÖSSE Bis 8 cm hoch; Stängel unter Wasser bis 1 m lang.

HABITAT & ÖKOLOGIE Seen im Tiefland, unterschiedlich tiefe Gräben und Sümpfe.

VERBREITUNG Im Südosten der USA heimisch.

Wie der Gewöhnliche Wasserschlauch treibt diese wurzellose Pflanze im Wasser und bildet ein Gewirr aus Stängeln, an denen sich Fangblasen entwickeln. Wenn kleine Wassertiere die Borsten an der Öffnung der Fangblase berühren, werden sie blitzschnell eingesaugt und anschließend verdaut. Diese Art bildet typische speichenförmig angeordnete Blätter, deren Stiele mit luftgefüllten Hohlräumen auf der Wasseroberfläche schwimmen.

PINGUICULA VULGARIS
Gemeines Fettkraut

GRÖSSE Bis 16 cm hoch.

HABITAT & ÖKOLOGIE Sümpfe, andere nasse Böden, moosbewachsene Steine an Bachufern.

VERBREITUNG In Europa, Russland, Kanada und den USA weit verbreitet.

Diese fleischfressende Pflanze hat ein großes Verbreitungsgebiet. Sie bildet sternförmige Rosetten aus blassgrünen, ungestielten Blättern, deren Ränder eingerollt sind. Man kann sie leicht übersehen. Wie andere Fettkräuter ist sie darauf angewiesen, zusätzlichen Stickstoff aus ihrer Insektenbeute aufzunehmen. Im Sommer entwickeln sich Stiele, an denen sich violette (manchmal weiße) trichterförmige Blüten öffnen. Im Blütentrichter befindet sich ein weißer Schlundfleck und ein Ring aus Haaren.

PINGUICULA LUSITANICA
Fettkraut-Art

GRÖSSE Blätter bis 3 cm lang; Blütenstiel 15 cm lang.

HABITAT & ÖKOLOGIE Zwischen Torfmoosen (*Sphagnum*) in Mooren und Sümpfen; nasse Steine, Stellen, an denen Wasser an die Oberfläche tritt.

VERBREITUNG Atlantikküste, vom westlichen Großbritannien, Irland, Frankreich und Portugal südwärts bis ins nordwestliche Afrika.

Dieses hübsche kleine Fettkraut bildet am Boden Blattrosetten aus. Die Blattränder sind auffällig eingerollt. Die weißen, rosa getönten Blüten sind kleiner als ein Fingernagel und stehen auf zierlichen Stielen. Man kann diese Art leicht aus Samen ziehen und bei Liebhabern fleischfressender Pflanzen ist sie eine beliebte Topfpflanze.

LILIUM CANADENSE

Kanada-Lilie

GRÖSSE Bis 1,5 m hoch.

HABITAT & ÖKOLOGIE
Nasse Wiesen und Waldränder.

VERBREITUNG Östliches Nordamerika; wird in vielen Gegenden kultiviert.

Die Kanada-Lilie, die auch Kanadische Wasser-Lilie genannt wird, ist in Neuengland und in den Appalachen häufig und wird anderswo auf der Nordhalbkugel gern angepflanzt. Sie bildet typische nach unten hängende Lilienblüten, die sich im Frühsommer öffnen und gelb bis orangerot gefärbt sind, oft mit einer dunkleren Zeichnung. Einige indigene Völker in Nordamerika sammelten angeblich die Rhizome, um sie zu essen.

LILIENGEWÄCHSE
LILIACEAE

Dies ist eine auffällige und bekannte Familie der Einkeimblättrigen (siehe S. 36–37), zu der 15 Gattungen mit mehr als 600 Arten gehören. Die meisten sind krautige, ausdauernde Geophyten, die unterirdische Zwiebeln ausbilden. Wie bei vielen Einkeimblättrigen sind die radiärsymmetrischen Blüten dreizählig und besitzen sechs Tepalen (die Kron- und Kelchblätter sehen sehr ähnlich aus) und sechs Staubblätter. Der Fruchtknoten ist oberständig (das bedeutet, dass die anderen Blütenteile unterhalb ansetzen) und entwickelt sich zu einer Kapselfrucht. Die langen Blätter haben typischerweise parallele Adern.

Weil sie auffällige Blüten tragen und leicht zu kultivieren sind, sind viele Liliengewächse Garten- oder Schnittblumen. Die bekanntesten sind die »echten Lilien« (Gattung *Lilium*), die in unserer Kultur und in der Literatur eine bedeutende Rolle spielen und auf der gesamten Nordhalbkugel bis in die Subtropen vorkommen. Es sei darauf hingewiesen, dass viele Pflanzen, die als Lilien bezeichnet werden (wie z. B. Tag- oder Fackellilien) nicht zu dieser Familie gehören. Viele Liliengewächse sind für Menschen und Tiere giftig.

Diese Familie wurde im 18. Jahrhundert beschrieben und wuchs unkontrolliert, weil Taxonomen ihr immer mehr Arten zuordneten. Als man begann, DNA zu sequenzieren, stellte sich heraus, dass man viele nicht näher miteinander verwandte Pflanzengruppen in diese Familie gestellt hatte. Seitdem wurden neue Einteilungen vorgenommen. In älteren Wildblumenführern findet man die Liliengewächse in ihrem traditionellen, breiteren Sinn, während in jüngeren (wissenschaftlich korrekteren) Texten viel weniger Arten der Familie zugeordnet werden, was die genetische Verwandtschaft der Pflanzen widerspiegelt.

FRITILLARIA MELEAGRIS
Schachblume

GRÖSSE Bis 40 cm hoch.

HABITAT & ÖKOLOGIE Nasse und häufig überschwemmte Wiesen.

VERBREITUNG Europa bis westliches Asien.

Diese Familie kommt in nassen Wiesen in Süd-, Mittel- und Nordeuropa vor, wo sie oft in großer Zahl wächst. Die nickenden Blüten öffnen sich im Frühjahr an schlanken Stielen und haben meistens ein Schachbrettmuster in verschiedenen Violetttönen. Manchmal sind sie auch einfarbig weiß. In einigen Gebieten in Deutschland kommt die Pflanze seit Jahrhunderten vor, aber es könnte sich dabei um Gartenflüchtlinge handeln.

CARDIOCRINUM GIGANTEUM
Riesen-Lilie

GRÖSSE Bis 3,5 m hoch; Blüten 20 cm lang.

HABITAT & ÖKOLOGIE Waldlichtungen.

VERBREITUNG Himalaja, China und Myanmar.

Dies ist die größte Lilie (daher das Artepitheton *giganteum*), und sie ist wirklich beeindruckend. Manchmal wird sie als Kuriosität in Waldgärten gepflanzt. Den großen Zwiebeln entspringen robuste Stiele, die weiße, grün getönte, duftende Trichterblüten mit violettroter Zeichnung tragen. Die Pflanze ist monokarp, was bedeutet, dass sie nur einmal blüht. Danach sterben die überirdischen Teile und die Hauptzwiebel ab.

TRICYRTIS HIRTA

Japanische Krötenlilie

GRÖSSE Bis 60 cm hoch.

HABITAT & ÖKOLOGIE Schattige Stellen im Wald, Bachufer.

VERBREITUNG Japan; wird in vielen Gegenden angepflanzt.

Dies ist ein ungewöhnliches Mitglied der Familie der Liliengewächse. Die weißen Blüten, die sich im Spätsommer und Frühherbst öffnen, sind über und über violett gefleckt, sodass sie an eine Kröte erinnern, daher der deutsche Name der Pflanze. Die Krötenlilie wird von Hummeln bestäubt und ist wegen ihrer faszinierenden Blütenform auf der Nordhalbkugel eine beliebte Gartenpflanze.

CYPRIPEDIUM MONTANUM

Berg-Frauenschuh

GRÖSSE Bis 70 cm hoch.

HABITAT & ÖKOLOGIE Bergwälder.

VERBREITUNG Nordwestliche USA und westliches Kanada.

Diese hübsche Orchidee gehört zur Gattung der Frauenschuhe. Bei dieser Art sind die Sepalen und Petalen braun und nur die Lippe (Labellum) ist weiß. Ähnliche Arten sind *C. parviflorum* (auch sie kommt in Nordamerika vor) und *C. calceolus* (in Europa und Asien verbreitet), deren Lippen gelb sind. In einigen Gegenden sind diese auffälligen Orchideen gefährdet, weil sie illegal ausgegraben und verkauft werden. Sie müssen mit Drahtkäfigen geschützt werden.

ORCHIDEEN-GEWÄCHSE
ORCHIDACEAE

Die Orchideengewächse sind die vielfältigste Blütenpflanzenfamilie, bei der sich die kompliziertesten Bestäubungssysteme entwickelt haben, wie auf S. 70–71 und S. 76–77 bereits beschrieben wurde. Diese Familie hat abgesehen von Gletschern jeden Lebensraum an Land besiedelt. Es gibt etwa 30 000 Orchideenarten, die etwa zehn Prozent aller Samenpflanzen ausmachen, zudem haben Gärtner Zehntausende exotisch aussehende Hybriden gezüchtet.

Zu den charakteristischen Merkmalen gehören die zygomorphen (bilateralsymmetrischen) Blüten, oft mit einem stark umgebildeten unteren Kronblatt (Labellum oder Lippe) (siehe z. B. die Ragwurz-Arten auf S. 70–71), verwachsenen Staub- und Fruchtblättern und Pollenpaketen (Pollinien). Alle Arten bilden staubfeine Samen, die in ihrer frühen Entwicklung Symbiosen mit Pilzen eingehen müssen, um keimen zu können. Orchideen sind einkeimblättrige Pflanzen (siehe S. 36–37), die typischerweise lange Blätter mit parallelen Adern haben und nicht verholzt sind. Einige Orchideen in den gemäßigten Breiten, die im Boden wachsen, haben Rhizome oder Knollen. Andere Arten, v. a. solche, die als Epiphyten auf den Ästen von Bäumen wachsen, bilden Pseudobulben aus. Es handelt sich dabei meist um verdickte Teile des Stängels. Epiphytische Orchideen entwickeln auch lange Luftwurzeln, mit denen sie Luftfeuchtigkeit aufnehmen.

EPIPOGIUM APHYLLUM

Bartloser Widerbart

GRÖSSE Bis 30 cm hoch.

HABITAT & ÖKOLOGIE Laub- und Nadelwälder, oft in abgelegenen Gebirgsregionen.

VERBREITUNG Europa und nördliches Asien, südlich bis in den Himalaja. Eine ähnliche rosa gefärbte Art (*E. roseum*) kommt in Afrika, Australien und in Süd-, Südost- und Ostasien vor.

Diese Art ist mykoheterotroph, was bedeutet, dass sie ihre Nährstoffe von Pilzen beziehen und keine grünen Blätter ausbildet (siehe S. 92–93). Sie ist dafür bekannt, dass es unvorhersehbar ist, wann sie erscheint. Im Vereinigten Königreich erklärte man sie mehrere Male für ausgestorben, doch dann erschien sie Jahre oder Jahrzehnte später wieder, was jedes Mal eine Sensation war. Auch in Deutschland, Österreich und der Schweiz ist die Art selten.

ORCHIS SIMIA
Affen-Knabenkraut

GRÖSSE Bis 30 cm hoch.

HABITAT & ÖKOLOGIE Wiesen, offene Wälder auf kalkhaltigen Böden und Gebüsche im Hügelland. In vielen Ländern (auch in Deutschland) ist die Pflanze selten und steht unter Schutz.

VERBREITUNG Europa, südlich bis in den Mittelmeerraum; Russland und Kleinasien; östlich bis in den Irak, Iran und Turkmenistan.

Die Lippe (Labellum) dieser seltsamen Pflanze erinnert stark an einen Affen, daher ihr Name. Mehrere verwandte Arten haben auffällige Lippen, die an einen Mann mit seltsamer Frisur (*O. anthropophora*), einen nackten Mann mit seltsamer Frisur (*O. italica*), eine Frau im Kleid (*O. purpurea*) oder einen Soldaten (*O. militaris*) erinnern.

RHIZANTHELLA GARDNERI

GRÖSSE Unterirdische Stängel bis 60 cm lang.

HABITAT & ÖKOLOGIE Gebüsche; wächst unterirdisch, die Samen werden wahrscheinlich von Beuteltieren verbreitet.

VERBREITUNG Australien.

Die hier abgebildete Art gehört zu einer kleinen Gattung von Orchideen, deren Blüten sich im Boden eingesenkt öffnen. Die Pflanze wurde in den 1920er-Jahren zufällig entdeckt, alle späteren Funde waren ähnlich zufällig. Wie der Bartlose Widerbart (siehe gegenüber) ist *Rhizanthella* mykoheterotroph (sie parasitiert an Pilzen) und besitzt weder funktionsfähige Blätter noch Chlorophyll.

KOPSIOPSIS STROBILACEA

GRÖSSE Bis 20 cm hoch.

HABITAT & ÖKOLOGIE Parasitiert an den Wurzeln des Amerikanischen Erdbeerbaums (*Arbutus menziesii*) und von Bärentraubenarten (*Arctostaphylos* spp.), in trockenen, offenen Misch- und Nadelwäldern und Buschland.

VERBREITUNG Südliche USA und Mexiko.

Diese Art erinnert auf den ersten Blick an einen Kiefernzapfen, daher ihr amerikanischer Name »California Groundcone«. Sie hat becherförmige violettschwarze Hochblätter, zwischen denen sich die Blüten öffnen. Die Kronblätter sind rosa bis braun mit helleren Rändern, und die gelben Staubblätter sind auffällig und ragen heraus. In der Erde befindet sich ein dicker, fleischiger Stängel, dessen Basis auf den Wurzeln der Wirtspflanze sitzt.

SOMMERWURZ-GEWÄCHSE
OROBANCHACEAE

Zu dieser Familie gehören etwa 90 Gattungen mit 1600 Arten einjähriger und ausdauernder Kräuter und Sträucher. Sie kommen auf allen Kontinenten außer in der Antarktis vor. Viele Mitglieder der Familie sind halbparasitische oder parasitische Pflanzen. Zur Familie gehört auch die Gattung *Cistanche*, die in der Pflanzenheilkunde eingesetzt wird, wie wir auf S. 242–243 sehen werden. Diese Gattung ist entfernt mit den Klappertöpfen verwandt, die als Ökosystem-Ingenieure eine wichtige Rolle spielen (siehe S. 56–57). Am vielfältigsten sind die Sommerwurzgewächse im Mittelmeerraum und im Nahen Osten.

Jede parasitische Art ist auf bestimmte Wirtspflanzen spezialisiert, und einige Arten parasitieren nur an einer einzigen Wirtspflanzenart. Sommerwurzgewächse bilden unzählige winzige, leichte Samen, die mit dem Wind verweht werden, sodass die Wahrscheinlichkeit höher ist, dass einige in die Nähe der Wurzeln einer geeigneten Wirtspflanze landen. Einige Sommerwurzgewächse sind von ihrem natürlichen Wirt zu Kulturpflanzen übergewechselt und richten manchmal beträchtliche Schäden an. Andere sind selten und der Wissenschaft kaum bekannt. Jedes Jahr werden neue Arten beschrieben.

Diese Familie ist für Taxonomen eine Herausforderung. Pflanzen, die an ihrem Standort charakteristisch aussehen, werden als Herbarbelege oft braun und die Merkmale sind kaum noch zu erkennen, sodass man sie nicht bestimmen kann.

OROBANCHE RAPUM-GENISTAE

Ginster-Sommerwurz

GRÖSSE Bis 90 cm hoch.

HABITAT & ÖKOLOGIE Parasitisch an Ginster und anderen Leguminosensträuchern, in Wiesen und Gebüschen.

VERBREITUNG In Nordwest- und Mitteleuropa und im Mittelmeerraum weit verbreitet.

Die Ginster-Sommerwurz ist eine bräunliche, gelbliche oder rötliche ausdauernde Art, die oft unter den Zweigen ihres Wirtsstrauchs wächst. Ihr Stängel ist mit Drüsenhaaren besetzt, an der Basis stark verdickt und meistens bräunlich, manchmal rötlich oder rosa. Die Lappen der gelben Narben haben große Abstände – ein Merkmal, das die Art von ihren nahen Verwandten unterscheidet. Die Blüten werden von Bienen besucht.

LATHRAEA SQUAMARIA

Gewöhnliche Schuppenwurz

GRÖSSE Bis 20 cm hoch.

HABITAT & ÖKOLOGIE Sommergrüne Wälder.

VERBREITUNG In ganz Europa, östlich bis zum Nordiran und Himalaja.

Die Schuppenwurzen sind eine kleine Gattung parasitischer Pflanzen, die in Europa und Asien in Regionen mit gemäßigtem Klima heimisch sind. Sie sind nah mit den Sommerwurzen verwandt. Früher stellte man sie in eine andere Familie (Scrophulariaceae), aber bei DNA-Sequenzierungen zeigte sich, dass dies nicht richtig war. Diese Art ist in manchen Wäldern im nördlichen Europa nicht selten. Eine Verwandte mit lila Blüten (*L. clandestina*), die große Gruppen bildet, wird als Kuriosität in Gärten unter Weiden gepflanzt.

AEGINETIA INDICA

Indische Sommerwurz

GRÖSSE Bis 25 cm hoch.

HABITAT & ÖKOLOGIE Feuchte Laubwälder und halbimmergrüne Wälder in den Tropen und Subtropen.

VERBREITUNG Im tropischen und subtropischen Asien weit verbreitet, westlich bis in den Himalaja.

Die schlanken, blattlosen Stängel dieser merkwürdigen Pflanze bilden Gruppen. Auf jedem Stängel öffnet sich eine nickende Blüte mit rosa oder violetter Krone, halb eingeschlossen in ein blasses Hochblatt, das oft rotbraun oder schwarzviolett gestreift ist. Die Pflanze parasitiert an den Wurzeln verschiedener tropischer Gräser, wie z. B. Zuckerrohr, und wird in der traditionellen Pflanzenheilkunde, bei Ritualen und Festen verwendet.

SARRACENIA PURPUREA

Rote Schlauchpflanze

GRÖSSE Schläuche bis 20 cm hoch.

HABITAT & ÖKOLOGIE Sümpfe und Moore, oft zwischen Torfmoosen (*Sphagnum*).

VERBREITUNG Östliches Kanada und USA; lokal in Heidegebieten und Mooren im nördlichen Europa und Mitteleuropa verwildert.

Die Rote Schlauchpflanze bildet gedrungene, rot geäderte Schläuche, die am Grund gekrümmt sind und Ringe bilden. Die Schläuche füllen sich bald mit Regenwasser und Bakterien tragen dazu bei, gefangene Insekten zu verdauen. Im Frühjahr öffnen sich ungewöhnliche rotviolette Blüten an langen, schlanken Stielen. Dies ist die kälteresistenteste nordamerikanische Schlauchpflanze mit der weitesten Verbreitung.

SCHLAUCHPFLANZEN-GEWÄCHSE

SARRACENIACEAE

Die Familie Sarraceniaceae ist nicht mit den tropischen Kannenpflanzen (*Nepenthes*) verwandt, die auf S. 90–91 vorgestellt wurden, obwohl beide Familien ähnliche Fallen ausbilden. Wie die Kannenpflanzen locken auch die Schlauchpflanzen mit auffälligen Farben und zuckerhaltigem Nektar Insekten an. Sie fallen in den Schlauch und werden in der Verdauungsflüssigkeit am Grund zersetzt, sodass ihre Nährstoffe von der Pflanze aufgenommen werden können. In der Verdauungsflüssigkeit einiger Schlauchpflanzen leben Bakterien, die dazu beitragen, die Insekten zu zersetzen. Nach unten gerichtete Haare funktionieren wie eine »Insektenrutschbahn«, sodass die Beute in den Schlauch fällt.

Wie andere fleischfressende Pflanzen, die bereits vorgestellt wurden, kommen die Schlauchpflanzen an nährstoffarmen, sauren Standorten vor, wie in Sümpfen, in Kiefernwäldern und in Mooren. Die erbeuteten Insekten liefern ihnen Stickstoff, der an ihren Standorten knapp ist. Anders als bei den tropischen Arten der Gattung *Nepenthes*, deren hängende Fallen sich an Kletterpflanzen entwickeln, wachsen die Fallen bei den Schlauchpflanzen aus einem Rhizom heraus nach oben und sterben im Winter ab.

Schlauchpflanzen sind beliebte Zimmerpflanzen und mit ausreichend Sonnenlicht und Regenwasser leicht zu kultivieren, wenn man sie im Sommer nass und im Winter leicht feucht hält.

SARRACENIA FLAVA

Gelbe Schlauchpflanze

GRÖSSE Bis 90 cm hoch.

HABITAT & ÖKOLOGIE Sümpfe in Kiefernwäldern.

VERBREITUNG Südöstliche USA.

Der Nektar dieser Art enthält ein lähmendes Narkotikum, das bewirkt, dass betäubte Insekten an der glitschigen Lippe (Peristom) oben am Schlauch den Halt verlieren. Stürzen sie hinein, werden sie zusätzlich von nach unten gerichteten Haaren am Entkommen gehindert. Die dicht stehenden Schläuche der Pflanze entspringen unterirdischen Rhizomen und im späten Frühjahr entwickeln sich schirmartige gelbe Blüten.

SARRACENIA PSITTACINA
Papageien-Schlauchpflanze

GRÖSSE Schläuche etwa 15 cm lang.

HABITAT & ÖKOLOGIE Teichufer, Sümpfe in Kiefernwäldern.

VERBREITUNG Südöstliche USA.

Die Schläuche dieser Art haben einen tunnelartigen Eingang, über den sich eine aufgeblähte Haube wölbt. Insekten, die in den Schlauch geraten, finden den Ausgang nicht mehr. Solche sogenannten Reusenfallen fangen bodenlebende Insekten besonders effektiv. Im Inneren verliert das Insekt wahrscheinlich die Orientierung, weil durch durchsichtige Flecken in den Schlauchwänden Sonnenlicht fällt. Es hält diese »Fenster« für Ausgänge und gerät noch tiefer in den Schlauch. Schließlich krabbelt es in die enge Röhre am Grund, stirbt an Erschöpfung und wird von der Verdauungsflüssigkeit zersetzt.

DARLINGTONIA CALIFORNICA
Kobralilie

GRÖSSE Bis etwa 30 cm hoch.

HABITAT & ÖKOLOGIE Bei nassen Felsen, an Hängen und anderen Stellen, an denen kaltes Wasser an die Oberfläche tritt.

VERBREITUNG Westküste der USA (nördliches Kalifornien und Oregon).

Der Name »Kobralilie« verweist auf die Ähnlichkeit der Pflanze mit einer aufgerichteten Kobra, und eine Blattstruktur erinnert sogar an die gegabelte Zunge der Schlange. Die Schläuche geben Verdauungsenzyme ab, die die erbeuteten Insekten zersetzen, sodass die Pflanze die Nährstoffe aufnehmen kann. Wie bei der Papageien-Schlauchpflanze befinden sich auch bei der Kobralilie durchscheinende »Fenster« in den Wänden des Schlauchs, sodass gefangene Insekten die Orientierung verlieren.

ATROPA BELLADONNA

Schwarze Tollkirsche

GRÖSSE 1,5 m hoch.

HABITAT & ÖKOLOGIE Waldränder, Lichtungen, v. a. auf kalkhaltigen Böden; in wärmeren Regionen in Gärten und an Ruderalstandorten.

VERBREITUNG Europa, östlich bis zum Iran; andernorts angepflanzt.

Diese Pflanze hat als Heil- und Giftpflanze eine lange Geschichte. Sie bildet Atropin, und in früherer Zeit bereiteten Frauen aus der Pflanze Augentropfen zu, die ihre Pupillen weiteten, damit ihre Blicke verführerischer wirkten, daher das Artepitheton »*belladonna*«. Oft wird diese Art mit dem Bittersüßen Nachtschatten verwechselt (der rote Beeren trägt). Die Schwarze Tollkirsche erkennt man leicht an ihren violettbraunen, glockenförmigen Blüten und den glänzenden schwarzen Beeren, die sich in fünflappigen Kelchen entwickeln.

NACHTSCHATTEN-GEWÄCHSE

SOLANACEAE

Die Nachtschattengewächse bilden eine vielfältige Familie, zu der auch die Tomaten, Auberginen, Kartoffeln (alle sind Mitglieder der Gattung *Solanum*), Paprika (*Capsicum*) sowie Tabak (*Nicotiana tabacum*) gehören. Auch Heilpflanzen und Gewürze sowie viele sehr giftige Pflanzen sind Nachtschattengewächse – der tödliche Schwarze Nachtschatten ist ein bekanntes Beispiel. Viele Arten enthalten Tropan-Alkaloide, wie Atropin, Skopolamin und Hyoscyamin. Bei der Alraune (siehe S. 250–251) sind sie besonders wirkungsvoll, während Nikotin bekannterweise vom Tabak gebildet wird.

Zu den Nachtschattengewächsen gehören fast 3000 Arten, und die Hälfte von ihnen gehören zur Gattung *Solanum*. Man findet sie auf allen Kontinenten außer in der Antarktis, schwerpunktmäßig aber in Zentral- und Südamerika. Einige Arten, wie der Gemeine Stechapfel (*Datura stramonium*), sind kosmopolitisch verbreitet und kommen oft an Ruderalstandorten (Brachflächen) vor. Die meisten Mitglieder der Familie haben zweigeschlechtliche Blüten (die männliche und weibliche Blütenteile besitzen). Sie werden von Insekten bestäubt, und manchmal bilden die Staubblätter einen auffälligen Kegel oder Ring.

Viele Nachtschattengewächse sind landwirtschaftlich bedeutend und einige Arten bekannte Zier- und Gartenpflanzen, wie z.B. die Petunien. Die Sorten der südamerikanischen Engelstrompete (*Brugmansia*) sind beliebte Sträucher für Gewächshäuser und Wintergärten und werden ihrer großen, herabhängenden trompetenförmigen Blüten wegen kultiviert, die oft stark duften.

HYOSCYAMUS NIGER

Schwarzes Bilsenkraut

GRÖSSE 1,5 m hoch.

HABITAT & ÖKOLOGIE Alkalische Standorte, wie auf Schutt und in küstennahem Ödland.

VERBREITUNG Heimisch in Europa im gemäßigten Klima; in vielen Regionen eingeschleppt.

Wie der Schwarze Nachtschatten und die Alraune wurde diese Pflanze früher als Heil- und Giftpflanze und ihrer psychoaktiven Wirkung wegen verwendet (wenn man sie zu sich nimmt, kann sie optische Halluzinationen hervorrufen). Die hier abgebildete Art kommt in Mitteleuropa vor. Das ähnliche Weiße Bilsenkraut (*H. albus*) ist im Mittelmeerraum und viele ähnliche gelb und violett blühende Arten sind in trockenen Regionen im Nahen Osten verbreitet.

DATURA STRAMONIUM

Gemeiner Stechapfel

GRÖSSE 1,5 m hoch.

HABITAT & ÖKOLOGIE Ruderalflächen, Schutt.

VERBREITUNG Stammt wahrscheinlich aus Zentralamerika, ist heute weltweit verbreitet.

Diese hochgiftige Pflanze hat wie das Schwarze Bilsenkraut eine psychoaktive Wirkung und kann schwerwiegende und lange anhaltende Halluzinationen hervorrufen. Trotz ihrer Giftigkeit wurde ihre Verwendung bereits vor langer Zeit dokumentiert. Die schnellwüchsige einjährige Art hat unregelmäßig gelappte oder grob gezähnte Blätter und große trichterförmige Blüten, die weiß bis blasslila sind. Die stacheligen Früchte springen auf, wenn sie reif sind, und entlassen zahlreiche braune Samen.

PHYSALIS CRASSIFOLIA

Blasenkirschen-Art

GRÖSSE Stängel bis 80 cm lang.

HABITAT & ÖKOLOGIE Steinige Wüsten in Gebirgsregionen.

VERBREITUNG Südwestliche USA und nördliches Mexiko.

Diese Art gehört zur Gattung *Physalis*, deren Mitglieder vergrößerte, papierartige Kelche ausbilden, die die Frucht teilweise oder völlig einschließen. Bei einigen Arten (wie Kapstachelbeeren und Tomatillos) ist die Frucht essbar. Bei der hier abgebildeten Art sind die Blüten gelb und entwickeln sich zu auffälligen, laternenähnlichen Gebilden.

THISMIA SITIMERIAMIAE

GRÖSSE 2 cm hoch.

HABITAT & ÖKOLOGIE Boden tropischer Regenwälder.

VERBREITUNG Malaiische Halbinsel.

Forschende der Universitäten Oxford und Malaysia beschrieben diese Art im Jahr 2020. Sie war ein Jahr zuvor von Dome Nikong, einem ortsansässigen Naturforscher, im Regenwald entdeckt worden. Er fand sie an einem bei Touristen beliebten Wanderweg am Gunung Sarut, einem Berg im Waldreservat Hulu Nerus im Bundesstaat Terengganu. Mit dem einzigartigen und sonderbaren schirmartigen Gebilde oben an der Blüte, ihrer Farbe und der Oberflächentextur ist diese Art eine der ungewöhnlichsten Wildblumen der malaiischen Halbinsel, die in den letzten Jahren beschrieben wurden.

THISMIACEAE

In allen Ökosystemen an Land leben Pflanzen in Gemeinschaft mit Pilzen. Aber wie auf S. 92–93 beschrieben, parasitieren einige Pflanzen an Pilzen – man nennt sie mykoheterotrophe Arten. Diese Familie mit mykoheterotropher Lebensweise kommt vor allem in tropischen und subtropischen Wäldern in Nord- und Südamerika und Asien vor, außerdem in einigen Regionen mit gemäßigtem Klima in den USA, Japan, Neuseeland und Australien. Die größte und am weitesten verbreitete Gattung der Familie ist *Thismia*, zu der bisher etwa 100 Arten gehören. Jedes Jahr werden neue Formen entdeckt und beschrieben. Einige sind der Wissenschaft erst seit der Jahrtausendwende bekannt. Dass diese Pflanzen so unbekannt sind, hat mit ihrer Ökologie zu tun: Die meisten Arten wachsen an abgelegenen Standorten in Wäldern und blühen sehr sporadisch und unvorhersehbar, und bei einigen Arten bleiben die Blüten unter der Laubstreu am Waldboden verborgen. Wir bekommen sie also nur selten zu Gesicht.

Die Blütenmorphologie (Form) dieser Pflanzen ist ganz anders als die, die wir sonst in diesem Buch untersucht haben. Es gibt Blüten in verschiedenen Formen und Größen. Die Farben reichen von Orangerot und Gelb bis hin zu Meerblau und Grün. Aus sechs Tepalen wird ein Blütenbecher (Hypanthium) gebildet. Die Staubblätter hängen in den Becher hinein und man kann sie nur untersuchen, wenn man die Blüte aufschneidet. Die meisten Arten werden wahrscheinlich von Pilzmücken (siehe S. 78–79) bestäubt.

THISMIA RODWAYI

GRÖSSE Weniger als 2 cm hoch.

HABITAT & ÖKOLOGIE Waldboden.

VERBREITUNG Australien (Tasmanien, Victoria und New South Wales) und Neuseeland.

Dies ist eine weitere kleine und unbekannte Art, die am dunklen Waldboden wächst. Ihre Biologie und ihr Lebenszyklus sind wie bei den meisten ihrer Verwandten noch rätselhaft und sie wurde noch nie vermehrt. Diese Art hat eine charakteristische orangerote Blütenröhre mit sechs Lappen, von denen die inneren drei zum Zentrum hin und die äußeren drei zurückgebogen sind. Die Blüten sitzen an schlanken, farblosen Stängeln, die unter der Erde wachsen.

THISMIA NEPTUNIS

GRÖSSE Weniger als 2 cm hoch.

HABITAT & ÖKOLOGIE Bergregenwälder.

VERBREITUNG Insel Borneo, in der Region, die zu Malaysia gehört.

Diese Art ist im malaiischen Teil der Insel Borneo endemisch. 1866 wurde sie von einem italienischen Botaniker erstmals dokumentiert und 1878 beschrieben. Von der Wissenschaft wurde sie danach jedoch nicht mehr beachtet und erst 2017 entdeckte man sie wieder. Biologen aus der Tschechischen Republik fotografierten sie am Gunung Matang, einem Bergmassiv im Westen des Bundesstaats Sarawak. Die langen, fadenförmigen Anhänge locken wahrscheinlich bestäubende Insekten an, aber ihre genaue Funktion ist bisher unbekannt.

OXYGYNE SHINZATOI

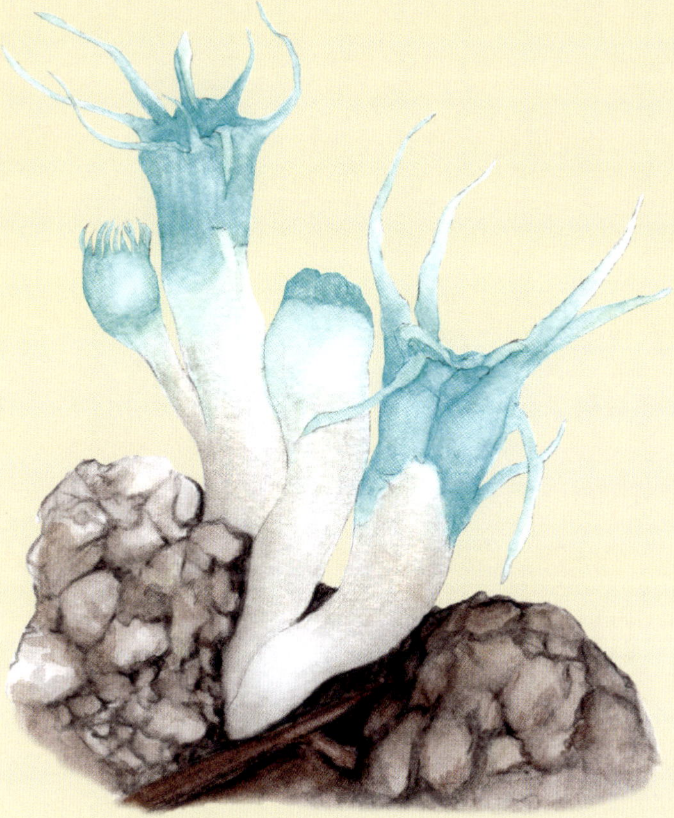

GRÖSSE Weniger als 2 cm hoch.

HABITAT & ÖKOLOGIE Subtropischer Regenwald.

VERBREITUNG Japan (die hier abgebildete Pflanze), West- bis Zentralafrika.

Die Arten der Gattung *Oxygyne* sind sehr selten, und die bekannten Arten haben eine sehr disjunkte Verbreitung. Sie kommen in nur wenigen, voneinander getrennten Regionen in Japan und Afrika vor (und nirgendwo dazwischen). Die afrikanischen Pflanzen sind orange, während die im subtropischen Japan geisterhaft hellblau sind. Man weiß nur wenig über die Ökologie dieser Gewächse. Sie wurden nie vermehrt und sind in der Natur schwierig zu erforschen, weil man nicht vorhersagen kann, wo sie auftauchen.

Kuckucks-Lichtnelke (*Lychnis flos-cuculi*)

DRAUSSEN

KAPITEL V

WO AUCH IMMER WIR unterwegs sind, wachsen mit Sicherheit Wildpflanzen ganz in der Nähe. Pflanzen haben erstaunliche Anpassungen entwickelt, um in fast jeder Umgebung überleben zu können, von Gebirgen über Wüsten bis hin zu seichten Meeren. Man findet sie im Wald, auf der nächstgelegenen Wiese, direkt bei Häusern, in Rasenflächen und sogar auf den Dächern der Häuser.

Nadelbäume wie Kiefern sind immergrün und schirmen deshalb während des ganzen Jahres das Sonnenlicht von den Pflanzen ab, die unter ihnen wachsen. Außerdem bildet sich unter den Bäumen eine dicke Schicht aus Nadeln. Viele der Wildblumen, die in solchen Wäldern vorkommen, sind hoch spezialisiert.

NADELWÄLDER

Kiefern-, Fichten- und Tannenwälder sind Beispiele für Nadelwälder. In den lichten Kiefernwäldern der steinigen Macchie im Mittelmeerraum und Mischwäldern an Gebirgshängen ist die Vegetation vielfältiger als in dichten Nadelbaumplantagen, die zur Holzproduktion angepflanzt wurden.

Die nordamerikanische Großblütige Waldlilie (*Trillium grandiflorum*) kommt in Laub-, Nadel- und Mischwäldern vor. Die Art sieht man von Quebec bis Georgia an bewaldeten Hängen und sie bildet manchmal große Bestände.

Auch die Geschwänzte Haselwurz (*Asarum caudatum*) kommt in Nordamerika vor und wächst im feuchten Unterwuchs von Nadelwäldern. Sie trägt herzförmige Blätter, dreizählige Blüten und gehört zur Familie der Osterluzeigewächse (Aristolochiaceae; siehe S. 32–33).

Zu den seltsamsten Wildblumen in nordamerikanischen Wäldern gehört eine Fichtenspargelart (*Monotropa uniflora*, siehe gegenüber). Diese Pflanze ist eine mykoheterotrophe Pflanze (siehe S. 92–93), die weder Laubblätter noch Chlorophyll besitzt und am schattigen Waldboden geisterhafte weiße Blütenstände bildet.

MONOTROPA HYPOPITYS

Diese gelb blühende mykoheterotrophe Fichtenspargel-Art sieht man gelegentlich im nördlichen Europa und Mitteleuropa in Nadelwäldern. Auch in Buchenwäldern auf kalkhaltigen Böden kommt sie manchmal vor. Die Blütenstände erscheinen im Frühsommer an schattigen Standorten.

Fichtenspargel-Art (*Monotropa uniflora*)
Diese mykoheterotrophe Pflanze besitzt weder Laubblätter noch Chlorophyll und parasitiert an Pilzen. Sie braucht deshalb kein Licht und kann in schattigen Wäldern wachsen.

Wälder sind in den gemäßigten Breiten Refugien für Wildblumen. Monat für Monat bringen sie neue Farbaspekte in sommergrüne Waldgebiete.

WILDBLUMEN IN WALDGEBIETEN

Wälder im gemäßigten Klima sind wichtige Habitate für Wildblumen. Pflanzen, die hier vorkommen, sind typischerweise an die Temperaturextreme zu bestimmten Jahreszeiten angepasst – z. B. an einen langen, kalten Winter, ein kurzes Frühjahr und einen warmen Sommer. Viele Arten bilden im Frühjahr Blüten. Sie nutzen den Vorteil, dass zu dieser Jahreszeit viel Sonnenlicht auf den Waldboden fällt, bevor die Bäume ihre Blätter entfalten.

Folgende Arten kommen in Wäldern in Mitteleuropa und im nördlichen Europa häufig vor:

- **Busch-Windröschen (*Anemone nemorosa*)** Diese Art, die fast in ganz Europa verbreitet ist, kommt in Laub-, Misch- und Nadelwäldern und auf Wiesen unter Sträuchern vor. Die zarten weißen, oft hellrosa getönten Blüten öffnen sich im zeitigen Frühjahr, bevor sich das Laub der Bäume entfaltet. Jede Pflanze trägt nur eine Blüte, selten zwei.
- **Efeu (*Hedera helix*)** Die Pflanze klettert in vielen Gärten und auf anderen Grünflächen an Mauern und Bäumen empor und wird auch als Zierpflanze im Topf kultiviert. Efeu spielt seit Jahrhunderten eine Rolle in unserer Kultur und hat eine große ökologische Bedeutung. Seine kletternden Triebe bieten vielen Tieren Lebensräume und die Blüten sind für Insekten im Herbst eine wichtige Nektarquelle.

- **Roter Fingerhut (*Digitalis purpurea*)** Diese bekannte, hübsche zweijährige Pflanze wächst an gestörten Stellen. Wenn z. B. bei einem Sturm ein Baum umstürzt, keimen ihre Samen, die in großer Zahl in den Böden ruhen. Deshalb lässt sich die Art auch gut als Gartenpflanze in Rabatten ansäen. Sie ist hochgiftig, enthält aber wichtige Arzneistoffe.
- **Bärlauch (*Allium ursinum*)** Die Art kommt in Wäldern häufig vor, v. a. auf sauren und lehmigen Böden, und bildet im späten Frühjahr und Frühsommer große Bestände aus Blättern und kugeligen weißen Blütenständen.

Bärlauch (*Allium ursinum*)
Der Bärlauch bildet am Waldboden große Bestände. Er verströmt einen typischen Knoblauchgeruch, sodass man ihn schon aus weiter Entfernung wahrnehmen kann.

LEBENDE STEINE

Lebende Steine (*Lithops*) sind in den Wüsten im südlichen Afrika perfekt getarnt. Hungrige Tiere, wie Schildkröten, halten die sukkulenten Pflanzen für Steine und beachten sie nicht. Der größte Teil der Pflanze befindet sich unter der Erde, wo er vor der Sonne geschützt ist. Das obere Gewebe ist durchscheinend und lässt wie ein Fenster Licht für die Fotosynthese in die Pflanze.

Die meisten Wüsten wirken auf uns, als gäbe es in diesen öden Landschaften kein Leben. Aber in einigen Wüstengebieten fällt im Winter Regen, und nach kurzer Zeit öffnen sich Millionen bunte Blüten.

WENN DIE WÜSTE ERBLÜHT

Wildpflanzen, die in Wüsten wachsen, haben Anpassungen entwickelt, um die vielen Monate zu überleben, in denen kein Regen fällt. Die meisten Arten besitzen sukkulente Gewebe, in denen sie Wasser speichern, eine vor Verdunstung schützende Wachsschicht auf den Blättern oder silbrige Haare, die das Sonnenlicht reflektieren. Ihre langen Wurzeln reichen tief in den Untergrund, wo sie Wasser aufnehmen, wenn der Boden an der Oberfläche längst ausgetrocknet ist.

Einige Wüstenblumen sind Einjährige, wie der Arizona-Mohn (*Kallstroemia grandiflora*). Diese Pflanze schließt ihren Lebenszyklus innerhalb weniger Wochen ab, wenn die Bedingungen günstig sind. Dann ruhen die Samen während der heißen, trockenen Monate. Geophyten dagegen sind ausdauernde Pflanzen, deren oberirdische Teile jedes Jahr absterben. Ihre Zwiebeln, Knollen oder Rhizome überdauern den langen Sommer tief im Boden. Die Mormonentulpe (*Calochortus nuttallii*) gehört zu den Geophyten, die in Wüsten wachsen.

Die robustesten Wüstenpflanzen sind solche Arten, die während des ganzen Jahres wachsen und spezielle Anpassungen an die extremen Temperaturschwankungen und die langen Trockenzeiten entwickelt haben. Viele besitzen kleine Blätter, sodass ihre Oberfläche, über die Wasser verdunsten kann, minimal ist. Einige (wie Kakteen) bilden überhaupt keine Laubblätter aus.

Im Hochgebirge ist das Leben nicht leicht. Pflanzen, die in großer Höhe wachsen, sind extremen Bedingungen ausgesetzt. Viele haben deshalb ungewöhnliche Anpassungen entwickelt.

BLÜTENPFLANZEN IM GEBIRGE

Gebirge mit ihren blanken Felsen, tiefen Schluchten und Felsspalten können ausgesprochen lebensfeindlich sein. An vielen Standorten ist es sehr windig und im Sommer trocken. Im Winter regnet es oft stark, und in manchen Regionen ist der Boden gefroren oder Monate lang mit Schnee bedeckt. Die Wachstumssaison ist kurz, und auch dann sind die Temperaturen oft extrem und die UV-Strahlung ist gefährlich hoch. Weltweit haben jedoch Pflanzen solche Lebensräume besiedelt. Arten verschiedener Gruppen wachsen im Hochgebirge, unter ihnen Moose, Gräser und Polsterpflanzen aus verschiedenen Familien. Yareta (*Azorella compacta*) ist eine Polsterpflanze, die zur Familie der Doldenblütler gehört (Apiaceae; siehe S. 96–99). Sie wächst in den Anden in Peru und Bolivien, im Norden Chiles und im westlichen Argentinien in etwa 3000 bis 5200 m Höhe. Ihre kleinen rosa oder lavendelblauen Blüten werden von Insekten bestäubt.

Viele Bäume der Bergwälder haben nadelförmige Blätter mit einer Wachsschicht, die vor Wasserverlust schützt (wie z.B. Kiefern), eine dicke Borke und elastische Äste, die bei starkem Wind und unter einer Schneelast nicht brechen. Wo die Bodenschicht dünn ist, wachsen sie gedrungen. Über der Baumgrenze gedeihen keine Bäume mehr. Hier herrschen echte alpine Pflanzen vor, und die robustesten findet man noch in 6000 m Höhe.

Hochgebirge sind Rückzugsgebiete für seltene endemische Arten. *Ramonda heldreichii* (siehe gegenüber) zum Beispiel kommt nur am Olymp in Griechenland vor. Die Reliktart aus dem Tertiär (vor etwa 66–2,6 Millionen Jahren) war wahrscheinlich früher weiter verbreitet, aber als sich die Bedingungen änderten, verschwanden geeignete Habitate.

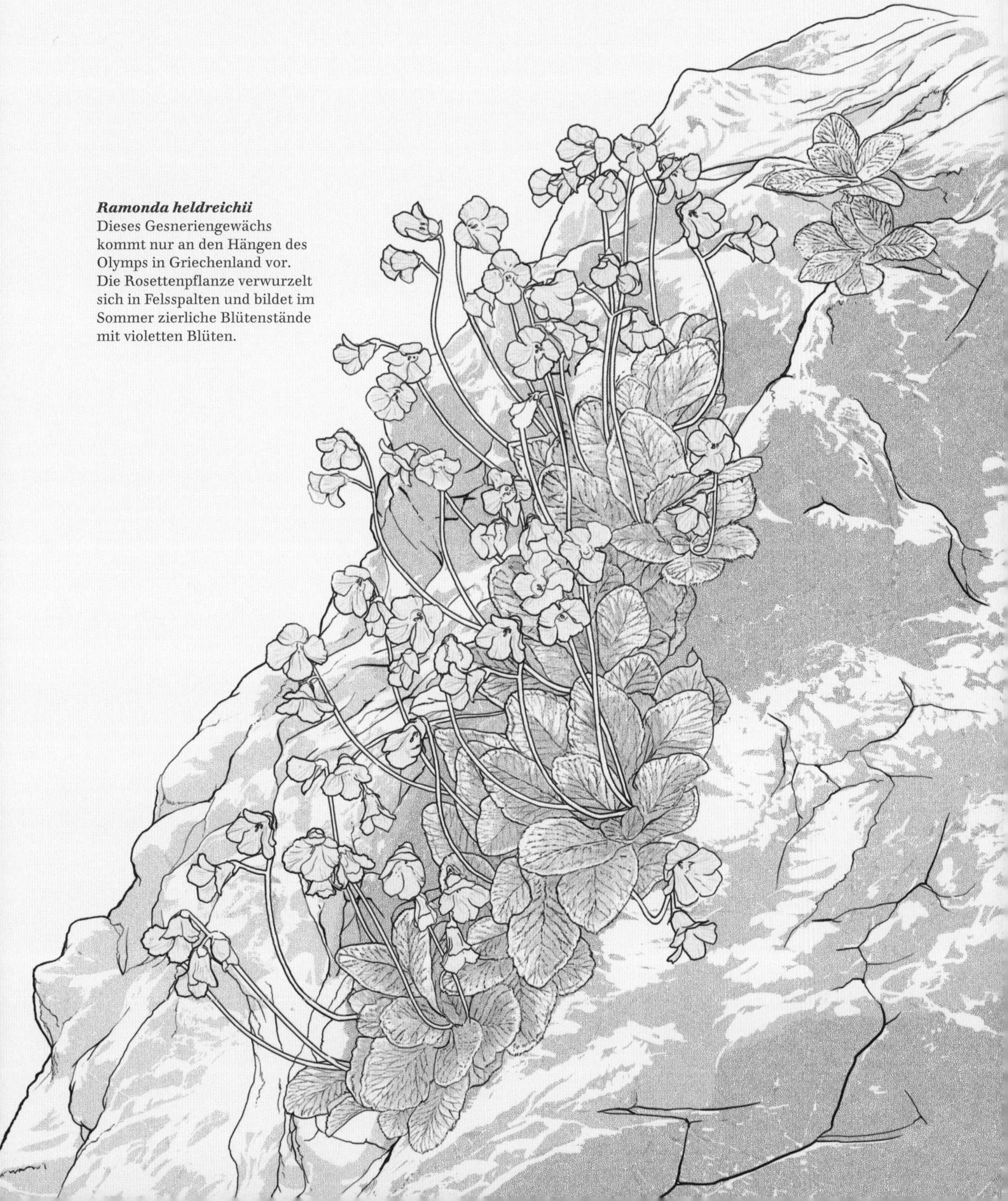

Ramonda heldreichii
Dieses Gesneriengewächs kommt nur an den Hängen des Olymps in Griechenland vor. Die Rosettenpflanze verwurzelt sich in Felsspalten und bildet im Sommer zierliche Blütenstände mit violetten Blüten.

Tropische Regenwälder sind die Lungen unseres grünen Planeten und in ihnen kommen mehr Pflanzenarten vor als in allen anderen Lebensräumen der Erde.

BLÜTEN IM REGENWALD

Tropische Regenwälder haben eine geschlossene Kronenregion, was bedeutet, dass nur wenig Licht durch das Laub der Baumkronen dringt, und sie sind daran angepasst, dass es täglich regnet. Zur typischen Vegetation gehören Epiphyten (siehe S. 89), Lianen (Kletterpflanzen, die in die Kronenregion klettern) und schattentolerante Pflanzen, die am Waldboden wachsen.

Hier und gegenüber werden einige der Pflanzen vorgestellt, die in den Regenwäldern Südostasiens wachsen:

- **Java-Gurke (*Alsomitra macrocarpa*)** Diese Regenwaldliane bildet hoch in der Kronenregion Blüten, die sich zu Früchten entwickeln, die so groß wie Rugbybälle sind. Sie entlassen geflügelte Samen, die große Entfernungen zurücklegen können. Es gibt keine Früchte, die größere Flügel ausbilden.
- **Taro (*Colocasia esculenta*)** Dieses Aronstabgewächs wird seit langer Zeit in Südostasien kultiviert, weil man die knollenförmigen Rhizome gekocht als Gemüse isst. Die lang gestielten Blätter können fast 2 m Durchmesser haben.
- ***Rafflesia arnoldii*** Diese Art bildet die weltweit größten Blüten, die bis 1 m Durchmesser haben. Die parasitische Pflanze lebt in einer Kletterpflanze (siehe rechts). In Südostasien gibt es etwa 40 *Rafflesia*-Arten, und viele sind vom Aussterben bedroht.

A. *Tetrastigma* ist eine tropische Gattung von Lianen, die zur Familie der Weinrebengewächse (Vitaceae) gehören. Sie bilden verholzte, windende Triebe, die in die Kronenregion des Regenwalds klettern. Viele Arten ähneln sich und sind schwierig zu unterscheiden.

B. Die Flügelfruchtbäume (Familie Dipterocarpaceae) mit etwa 700 Arten kommen in Südostasien vor und haben auffällige Brettwurzeln. Viele überragen die Kronenregion und werden bis zu 80 m hoch. Früher fällte man sie, weil ihr Holz sehr begehrt war, weshalb sie heute gefährdet sind.

C. *Rafflesia arnoldii* verbringt die meiste Zeit in den Geweben der tropischen Kletterpflanze *Tetrastigma* (siehe gegenüber). Nur ihre Blüten erscheinen an der Oberfläche. Die Knospen sind so groß wie Fußbälle und es dauert Monate, bis sie sich öffnen.

Auf Felsen und Ästen in Wäldern, die oft in Nebel gehüllt sind, wachsen unzählige Moose. Einigen Wildpflanzen bieten diese nassen grünen Polster perfekte Bedingungen.

MOOSREICHE WÄLDER

Wie wir auf S. 89 gesehen haben, wachsen Epiphyten oder Aufsitzerpflanzen (wie z. B. Bromelien) hoch auf den Ästen von Bäumen. In Wäldern, die häufig in Nebel oder (im Hochgebirge) in Wolken gehüllt sind, siedeln sich auf den Ästen der Bäume viele Moose an. Auch in Waldgebieten, in denen es während des ganzen Jahres viel regnet, findet man zahlreiche Moosarten. Moosbewachsene Äste bieten Epiphyten perfekte Bedingungen. Sie nehmen Wasser und Nährstoffe aus dem Regenwasser auf, das an den Stämmen und Ästen herabrinnt und in den Moospolstern gespeichert wird. In tropischen Regenwäldern wachsen viele epiphytische Orchideen auf moosbewachsenen Ästen. In temperierten Regenwäldern (im gemäßigten Klima) sind Farne und andere Sporenpflanzen die häufigsten Epiphyten. Folgende Arten kann man in moosreichen Wäldern in den gemäßigten Breiten oft beobachten:

- **Hautfarne (*Hymenophyllum* spp.)** Die zarten Farne übersieht man leicht. Sie haben durchscheinende Wedel (meistens ist das Gewebe nur eine Zellschicht dick) und trocknen schnell aus. Deshalb kommen sie nur an Stellen vor, die immer feucht sind, wie auf moosbewachsenen Ästen in Nebelwäldern. Weltweit gibt es viele ähnliche Arten.
- **Gewöhnlicher Tüpfelfarn (*Polypodium vulgare*)** Diese Art breitet sich mit Rhizomen aus, die unter Moospolstern und in Rindenspalten (bei epiphytischen Exemplaren) oder über Felsen und in Spalten alter Mauern (bei Lithophyten) wachsen. An der Unterseite der Wedel entwickeln sich orangebraune Sporenbehälter (Sori). Ähnliche Arten kommen in Wäldern in Nordamerika und im östlichen Asien vor.
- **Hirschzungenfarn (*Asplenium scolopendrium*)** Der Farn bildet glänzende, derbe ungeteilte Wedel. Er ist in moosreichen Wäldern häufig, vor allem zwischen Felsen, aber er wächst gelegentlich auch auf alten Mauern und in Gärten. Auf der Nordhalbkugel ist er weit verbreitet.

Waldblumen
In manchen Wäldern in den gemäßigten Breiten kommen viele Moos- und Farnarten vor, und wo Sonnenlicht vordringt, blühen im Frühjahr Veilchen und Hasenglöckchen sowie im Sommer Roter Fingerhut und Heckenkirschen.

Im Hochsommer ist es in der Mittelmeerregion trocken und heiß. Nach Regenfällen im Winter und Frühjahr blühen hier jedoch viele Wildblumen.

DER MITTELMEERRAUM

Während die Geologie und Topografie im Mittelmeerraum vielfältig ist, ist das Klima überall ähnlich: Die Sommer sind heiß und trocken und die Winter mild und regnerisch. Die vorherrschende Vegetation besteht aus dornigen Sträuchern und robusten Pflanzen, die vor Austrocknung geschützt und an den Wassermangel angepasst sind. Man bezeichnet sie als Macchie, und etliche Kräuter, die wir in der Küche verwenden, wachsen hier. Viele enthalten Harze und duften stark. Zu den Zwiebelpflanzen gehören die im Herbst blühende Weiße Meerzwiebel (*Drimia maritima*) und im Westen der Region das im Frühjahr blühende Schweifblatt (*Dipcadi serotinum*). In Schluchten im Osten – wie auf Kreta – wächst die Gemeine Drachenwurz (*Dracunculus vulgaris*), die spektakuläre Blütenstände hervorbringt. Auf der gegenüberliegenden Seite werden einige der Anpassungen beschrieben, die Pflanzen im Mittelmeerraum ausgebildet haben, um während der heißen, trockenen Sommer gegen Austrocknung und Lichtschäden gewappnet zu sein.

Seit der Antike werden im Mittelmeerraum vor allem vier Nutzpflanzen kultiviert: Oliven-, Johannisbrot-, Feigen- und Mandelbäume. Diese alten Kulturpflanzen sieht man in der gesamten Region. Sie brauchen keine intensive Pflege und schaffen deshalb wertvolle Lebensräume für Wildblumen. Vor allem traditionell bewirtschaftete Olivenhaine sind ein wichtiger Lebensraum für Zwiebelpflanzen, mehrjährige und im Frühjahr blühende einjährige Arten.

ORANGEN UND ZITRONEN

Obwohl die Zitrusfrüchte aus Asien stammen, prägen Zitronen- und Orangenhaine die Mittelmeerlandschaft und ihre Kultur. Sie sind außerdem wichtige Refugien für viele Wildblumenarten.

MEDITERRANE PFLANZEN

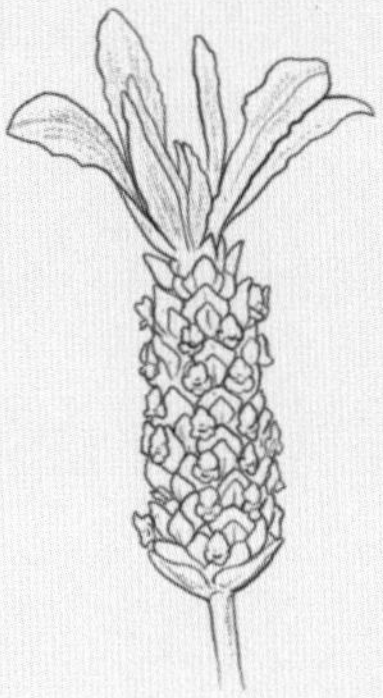

LAVENDULA STOECHAS
SCHOPF-LAVENDEL

THYMBRA CAPITATA
KOPFIGER THYMIAN

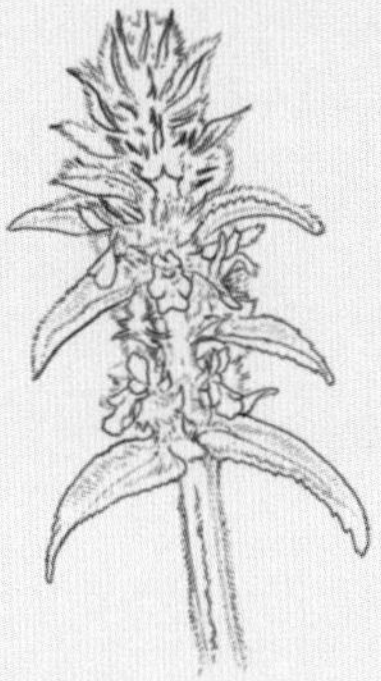

STACHYS GERMANICA
DEUTSCHER ZIEST

QUERCUS COCCIFERA
KERMESEICHE

MERKMALE DER BLÄTTER

	SCHMAL	KLEIN	SILBRIGE FÄRBUNG	HARTE OBERFLÄCHE
UMWELTBEDINGTE STRESSOREN	Temperatur Sonne Wind	Temperatur Sonne Wind	Temperatur Sonne Wind	Temperatur Sonne Wind
ANPASSUNGEN	Schmale, silbrige Blätter, die das Licht reflektieren	Kleine, dicht stehende Blätter	Silbrige, dicht behaarte (filzige) Blätter	Harte, ledrige Blätter mit dicker Wachsschicht
STRATEGIE	Die Blätter werfen das Licht zurück und über ihre Oberfläche verdunstet wenig Wasser.	Über die kleine Oberfläche verdunstet nur wenig Wasser.	Die Behaarung schützt vor der Sonnenstrahlung und setzt die Verdunstung herab.	Pflanzenfresser meiden harte Blätter und die Sonnenstrahlung schädigt sie nicht so stark.

Inselgruppen sind Laboratorien des Lebens. Die Pflanzen, die hier vorkommen, sind bereits seit langer Zeit von ihren Vorfahren auf dem Festland getrennt und haben eine eigenständige Evolution durchlaufen. Inselfloren sind deshalb oft einzigartig.

INSELGRUPPEN

Wenn sich im Lauf der Evolution neue Arten entwickeln, bezeichnet man dies als Artbildung. Dabei teilt sich eine bestimmte Gruppe (oder Art) auf, sodass sich neue, genetisch eigenständige Arten entwickeln. Wenn aus einer einzigen Art mehrere neue Arten hervorgehen, von denen jede an eine bestimmte ökologische Nische angepasst ist, spricht man von adaptiver Radiation. Weil viele Inselgruppen seit langer Zeit vom Festland isoliert sind, sind sie Hotspots für diese evolutionären Prozesse. Auf ihnen hat sich eine einzigartige Flora mit vielen endemischen Pflanzenarten (Arten, die nirgendwo sonst vorkommen) entwickelt.

Die Silberschwerter, die nur auf den Hawaii-Inseln vorkommen (siehe S. 108), und die Gattung *Aeonium* auf den Kanarischen Inseln sind Beispiele adaptiver Radiationen. Es gibt viele *Aeonium*-Arten, die auf dem kanarischen Archipel vorkommen. Sie verbreiteten sich im Lauf der Zeit von Insel zu Insel, und jede Art ist an eine spezielle Nische angepasst, wie z. B. an Felsen am Meer, Wälder oder Vulkanhänge. Diese Pflanzen bilden hohe, kegelförmige Blütenstände.

Auch die Drachenbäume (*Dracaena*) sind eine Gattung mit sehr begrenzter Verbreitung, und viele Arten sind auf Inseln endemisch. Sie wurden nach dem roten Saft benannt, der die Menschen in alter Zeit an Drachenblut erinnerte. Diese Bäume sind Relikte sehr alter Ökosysteme und heute viel seltener. Weil sich ihre Umwelt verändert, sind sie besonders gefährdet. Der Sokotrische Drachenbaum (*D. cinnabari*; gegenüber) ist auf der Inselgruppe Sokotra im Arabischen Meer heimisch, die zum Jemen gehört. Er kam wahrscheinlich in einem urzeitlichen subtropischen Waldökosystem vor, das heute fast verschwunden ist, nachdem sich in Nordafrika eine riesige Wüste ausgebreitet hat.

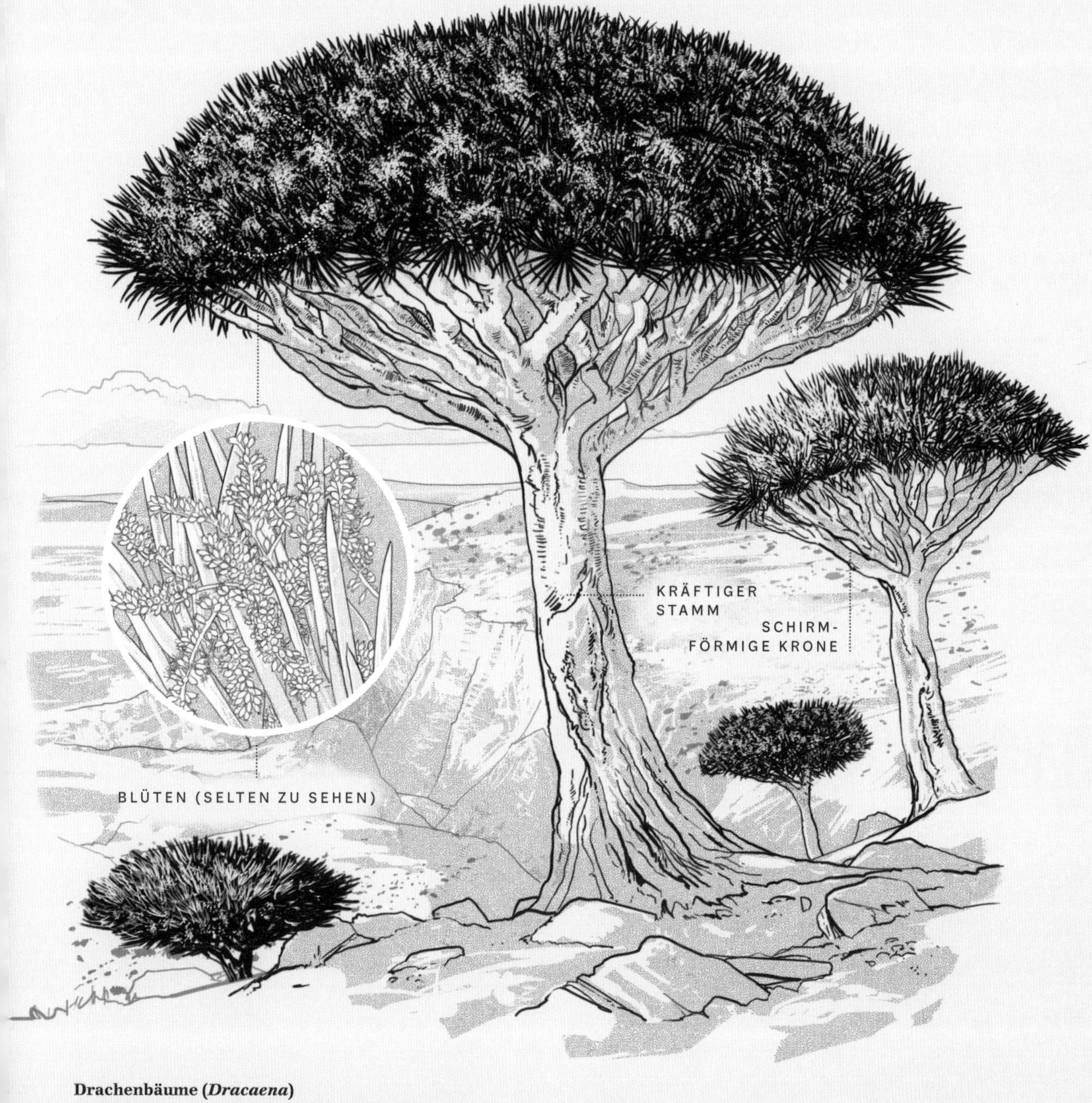

Drachenbäume (*Dracaena*)
Die *Dracaena*-Arten haben eine begrenzte Verbreitung, und manche kommen nur auf einer einzigen Insel vor. Diese Art, der Sokotrische Drachenbaum (*D. cinnabari*), wächst nur auf der Inselgruppe Sokotra im Arabischen Meer, die zum Jemen gehört.

Kuckucks-Lichtnelke
(*Lychnis flos-cuculi*)
Diese Wildblume ist in Europa und Asien im gemäßigten Klima verbreitet. Sie kommt vor allem in nassen Wiesen vor, die ständig oder zu bestimmten Jahreszeiten überflutet sind. Auch in Nordamerika hat sie sich ausgebreitet.

Wildpflanzen brauchen verschiedene Anpassungen, um an ständig nassen Standorten wachsen zu können. Deshalb haben sich in solchen Habitaten besonders charakteristische und ungewöhnliche Blütenpflanzen entwickelt.

FEUCHTGEBIETE

Sümpfe, Moore und andere Feuchtgebiete sind ständig oder fast während des ganzen Jahres überflutet. In diesen charakteristischen Lebensräumen kommen Wasserpflanzen vor, die man auch als Hydrophyten bezeichnet. Viele von ihnen sind in den gemäßigten Breiten weit verbreitet.

- **Amerikanischer Stinktierkohl (*Lysichiton americanus*)** Die Pflanze ist nach dem üblen Geruch benannt, den ihre Blüten verströmen, um Käfer anzulocken. Man sieht sie im Nordwesten Nordamerikas in bewaldeten Feuchtgebieten und Sümpfen häufig. Anderswo wird sie bei Seen und Flüssen angepflanzt, und in Großbritannien gilt sie mittlerweile als invasive Art.
- **Kuckucks-Lichtnelke (*Lychnis flos-cuculi*)** Diese Wildblume findet man in Europa und Asien im gemäßigten Klima auf feuchten Wiesen. Man erkennt sie leicht an ihren tief geschlitzten rosa Kronblättern.
- **Gewöhnlicher Wasserhahnenfuß (*Ranunculus aquatilis*)** In geeigneten Habitaten bildet die Art schwimmende Teppiche. Libellenlarven klettern an den Stängeln aus dem Wasser, um sich zu verpuppen, weshalb diese Pflanze für viele Libellenarten eine große Bedeutung hat.
- **Sonnentau (*Drosera*)** Die Gattung fleischfressender Pflanzen kommt in sauren, nassen Lebensräumen vor, wie in Mooren zwischen Torfmoosen (*Sphagnum*). Wie die Fettkräuter (siehe S. 136–139) locken diese Pflanzen mit glitzernden Tröpfchen auf ihren Blättern Insekten an. Die Insekten liefern den Pflanzen wertvollen Stickstoff.
- **Wollgräser (*Eriophorum*)** Diese Gattung der Sauergrasgewächse kommt auf der Nordhalbkugel in der Arktis und Subarktis und in den gemäßigten Breiten vor. In der arktischen Tundra sind Wollgräser besonders häufig. Ihre Früchte, die auffällige weiße Wollschöpfe bilden, werden vom Wind verbreitet.

Weil Sand ständig verdriftet wird, ist der Untergrund nie stabil. Viele der Wildblumen, die sich an diese schwierigen Standorte angepasst haben, kommen nirgendwo sonst vor.

SANDDÜNEN

Wildblumen, die in Sanddünen wachsen, sind gut an ihre Umgebung angepasst, und viele kommen tatsächlich nur hier vor. Bei diesen herausfordernden Bedingungen haben sie ähnliche Anpassungen entwickelt wie Wüstenpflanzen (siehe S. 170–171). Folgende Merkmale sind häufig: Viele Arten tolerieren einen hohen Meerwasserstand (Salzwasser ist für die meisten Pflanzen giftig), einige Arten besitzen Drüsen, die überschüssiges Salz ausscheiden. Wenn sie vom Sand verschüttet werden, reagieren sie mit gerichtetem Wachstum. Manche Pflanzen, etwa die Hülsenfrüchtler, fixieren Luftstickstoff. Viele Arten trotzen der Trockenheit, z.B. durch Sukkulenz, silbrige Haare oder Blüten, die mit einer Wachsschicht bedeckt sind.

Dies sind einige der Arten europäischer Sanddünen:

- **Strandwinde (*Calystegia soldanella*)** Die niederliegende Pflanze hat rosa und weiß gezeichnete Blüten. In ihren fleischigen Blättern speichert sie Wasser.
- **Stranddistel (*Eryngium maritimum*)** Mit ihren dornigen Blättern ist die Art vor UV-Licht und Tierfraß geschützt.
- ***Romulea columnae*** ist eine kleine Knollenpflanze, die hübsche lila Blüten trägt. Die Knollen überdauern die wärmsten, trockensten Monate im Boden.
- **Gelbe Cistanche (*Cistanche phelypaea*)** Dieses Sommerwurzgewächs parasitiert im Mittelmeerraum an Sträuchern in Sanddünen und Salzmarschen.
- **Dünen-Pankrazlilie (*Pancratium maritimum*)** Im Mittelmeerraum ist diese im Spätsommer weiß blühende Art häufig. Ihre Zwiebeln überdauern die heißen Sommermonate.

A. Die Stranddistel (*Eryngium maritimum*) gehört zur Familie der Doldenblütler (Apiaceae) und bildet im Sommer blaue, kugelige Blütenstände.

B. Im Sommer öffnen sich die auffälligen Blüten der Strandwinde (*Calystegia soldanella*), die Bienen, Tag- und Nachtfalter anlocken.

Sogar auf einem ***kleinen Flecken*** *Grasland sieht man oft* ***vielfältige Wildblumen,*** *die für* ***bestäubende Insekten*** *und andere Tiere* ***sehr wichtig*** *sind.*

Naturbelassene, nicht intensiv bewirtschaftete Grasländer sind Rückzugsgebiete für viele Wildblumen. Wenn das Gras nicht gemäht wird, können sich seltenere und faszinierende Pflanzen ansiedeln.

GRASLÄNDER

In den gemäßigten Breiten sind die Wiesen und Weiden im Sommer voller Leben. In Europa wachsen in Wiesen auf kalkhaltigen Böden Wildpflanzen wie wilder Thymian und Majoran, Hülsenfrüchtler wie Gewöhnlicher Hornklee und verschiedene Wicken. Auch Orchideenarten kann man hier entdecken. Die Küchenschelle (*Pulsatilla vulgaris*) ist eine seltenere Art, die in Wiesen auf kalkhaltigen Böden zu finden ist. Wo der Boden tiefgründiger und feuchter ist, kommen andere Pflanzengesellschaften vor, und man sieht hier u. a. Margeriten, Echtes Mädesüß und den Großen Wiesenknopf. Auf trockeneren Wiesen gedeihen Knabenkräuter, die anpassungsfähigen Margeriten und Echtes Labkraut. Ähnliche Arten findet man auch an Straßenrändern (siehe S. 190–191).

Als Prärien bezeichnet man große, ebene Grasländer, die sich in Nordamerika im gemäßigten Klima ausgebildet haben. Wie bei Wiesen in Europa besteht die Vegetation hier vor allem aus Gräsern, zwischen denen sich andere Wildblumen ansiedeln. Diese Habitate kann man in Hochgrasprärien in den Ebenen im Zentrum Nordamerikas, Mittelgrasprärien aus Grasarten, die Horste und Soden bilden, und Kurzgrasprärien einteilen, die auf warmen, trockenen Ebenen wachsen und von *Buchloe dactyloides* und Arten der Gattung *Bouteloua* dominiert werden. In den Prärien in Nordamerika kommen sehr viele Blütenpflanzen vor, wie z. B. Lupinen, Roter Sonnenhut und die Knollige Seidenpflanze.

Nicht nur in tropischen Regenwäldern, Wüsten und Gebirgen wachsen spannende Wildblumen. Viele interessante Arten findet man im nächstgelegenen Park oder im Garten.

GÄRTEN UND RASEN

Wenn ein Rasen regelmäßig gemäht wird, ist dies für Wildblumen eine Herausforderung, aber einige Arten wachsen dicht an der Bodenoberfläche und bringen rasch neue Blüten und Samen hervor, nachdem die alten Blütenstände abgemäht wurden. Andere bilden zwischen den Gräsern Ausläufer oder lockere Teppiche. Wenn man nur selten mäht, können sich Wildblumen ansiedeln, die viele Tiere anlocken. Die folgenden Arten sind in Eurasien heimisch, aber man sieht sie heute in Regionen mit gemäßigtem Klima weltweit in Rasenflächen.

- **Weißklee (*Trifolium repens*)** Die ausdauernde Pflanze bildet Ausläufer. Bienen besuchen ihre weißen Blüten und viele Insekten fressen die Blätter. Wie viele Kleearten fixiert sie in Wurzelknöllchen Luftstickstoff, sodass sie den Boden fruchtbarer macht.
- **Spitzwegerich (*Plantago lanceolata*)** Diese Art hat ein faseriges Wurzelsystem und flache Blattrosetten, sodass sie nach dem Mähen regenerieren kann. Man erkennt sie an ihren schmalen, länglichen Blättern und den lang gestielten Blütenständen.
- **Kriechender Hahnenfuß (*Ranunculus repens*)** Die häufige Hahnenfußart kommt auf Rasen und Wiesen vor. Sie bevorzugt feuchte Böden und trägt goldgelbe, becherförmige Blüten.
- **Kleine Braunelle (*Prunella vulgaris*)** Dies ist eine der wenigen Arten, die auch in Rasenflächen blühen kann, die regelmäßig gemäht werden. An ihren Blütenständen öffnen sich violette Blüten.

LOKALE BERÜHMTHEIT

Im englischen Dorf Sandwich in der Grafschaft Kent wächst die Bocks-Riemenzunge (*Himantoglossum hircinum*), die anderswo selten ist, in großer Zahl auf Golfplätzen, und sporadisch taucht sie auch in Gärten im Rasen auf. Viele Gartenbesitzer mähen um sie herum, weil sie die faszinierende Orchidee schätzen.

- **Gewöhnliches Ferkelkraut (*Hypochaeris radicata*)** Die Blattrosetten dieser Art sind borstig behaart und sie bildet eine lange Pfahlwurzel aus. Im Sommer erscheinen gelbe Blütenkörbchen. An Wegrändern und im Rasen ist das Ferkelkraut nicht selten.
- **Schafgarbe (*Achillea millefolium*)** Diese bekannte Wiesenblume breitet sich mit waagrechten Rhizomen aus. Sie hat gefiederte Blätter und im Sommer weiße, manchmal rosa getönte doldige Blütenstände aus vielen kleinen Blütenkörbchen.

Gänseblümchen (*Bellis perennis*) Rasenflächen sind schwierige Umgebungen für Wildblumen. Gänseblümchen überleben jedoch auch dann, wenn häufig gemäht wird, und es entwickeln sich rasch wieder neue Blütenkörbchen.

Es gibt nur wenige Lebensräume, die noch völlig unberührt sind und nicht von Menschen verändert wurden. Straßenränder gehören nicht dazu und man möchte meinen, dass sie schwierige Standorte für Wildblumen sind. Für botanisch Interessierte können sie jedoch sehr interessant sein.

STRASSENRÄNDER

Etliche Wildblumen wachsen an Straßen- und Wegrändern, und weil es in vielen Ländern ein Hunderttausende Kilometer langes Straßennetz gibt, sind sie wichtige Lebensräume. Niedrigwüchsige Pflanzen wie verschiedene Kleearten (z. B. Weiß-, Horn- und Hopfenklee) und Mauerpfeffer (siehe S. 203) sind an Straßenrändern in Mitteleuropa häufig und breiten sich auch auf den Asphalt aus. Ragwurzen (siehe S. 70–71) werden an Straßenrändern auf kalkhaltigen Böden häufiger, weil die Sommer wärmer werden.

Obwohl Straßen- und Wegränder wichtige Habitate sind, schadet die hohe Luftverschmutzung den Pflanzen. Die Stickstoffeinträge fördern Brenn- und Taubnesseln, die andere Arten verdrängen. Außerdem wird häufig gemäht, bevor die Pflanzen Blüten und Samen gebildet haben. Wenn nur zweimal im Jahr gemäht wird, im Frühjahr und im Spätsommer, fördert man die Wildblumen.

Folgende Wildblumen findet man in Mitteleuropa vor allem an Straßenrändern:

- **Wilde Möhre (*Daucus carota*)** Aus dieser bekannten Pflanze mit feinen weißen Doppeldolden wurde die Karotte gezüchtet.
- **Jakobs-Kreuzkraut (*Senecio jacobaea*)** Der Korbblütler mit gelben Blütenständen breitet sich entlang von Straßen stark aus. Wie alle Kreuzkräuter ist die Pflanze für Menschen und Weidetiere stark giftig.

A. Die Violette Sommerwurz (*Phelipanche purpurea*) ist eine parasitische Pflanze, die an grasbewachsenen Stellen wächst, an denen auch Schafgarbe vorkommt. Man sieht sie in England in Küstennähe an Wegrändern.

B. In Nordamerika (Süden der USA, nordöstliches Mexiko) besetzt die Amerikanische Flockenblume (*Centaurea americana*) eine ähnliche Nische. Die einjährige Art kann an Straßenrändern dichte, hohe Bestände bilden.

Im und auf dem Wasser lebende Pflanzen benötigen genau wie Wassertiere spezielle Anpassungen. Dies gilt für Schwimmpflanzen ebenso wie für Arten, die im Schlamm verwurzelt sind.

FLÜSSE UND SEEN

Pflanzen in Flüssen, Bächen, Teichen und Seen haben verschiedene Anpassungen, um im Wasser oder am Ufer wachsen zu können. In den Blättern vieler Arten befinden sich schwammige, mit Luft gefüllte Gewebe, die ihnen Auftrieb verleihen und sie mit Sauerstoff versorgen. Bei Schwimmblättern (wie z.B. Seerosenblättern) ist die Oberfläche, in der die Fotosynthese stattfindet, sehr groß. Einige, wie das Hornblatt, wachsen ständig unter Wasser, während andere zu bestimmten Zeiten am Gewässergrund und zu anderen Zeiten an der Oberfläche leben. Die Krebsschere (*Stratiotes aloides*) wächst während der meisten Zeit des Jahres unter Wasser, im Sommer jedoch ragen ihre Blätter und Blüten über die Oberfläche.

Andere Arten wachsen im ständig nassen Schlamm im Uferbereich stehender Gewässer. Solche Pflanzen haben oft kriechende Rhizome und steif aufrechte Blätter, die mit schwankenden Wasserständen zurechtkommen. Bekannte Beispiele sind Rohrkolben und Schwertlilien.

Die Blätter der Indischen Lotosblume (*Nelumbo nucifera*) bleiben auch dann sauber, wenn sie auf schlammigem Wasser schwimmen. Die Lotosblume ist im Buddhismus und Hinduismus eine heilige Pflanze. Sie wächst im Uferbereich von Teichen, Seen und langsam fließenden Flüssen und ist in weiten Teilen des subtropischen und tropischen Asiens verbreitet. Ihre Wurzeln sind im Grund verankert, ihre Blätter und Blüten sind lang gestielt und ragen über die Wasseroberfläche. Die Indische Lotosblume wurde weltweit kultiviert und ist heute in wärmeren Regionen weit verbreitet. Sie hat »selbstreinigende« Blätter mit einer wasserabweisenden (hydrophoben) Oberfläche. Das Wasser bildet kugelrunde Tropfen, die abperlen. Materialwissenschaftler, die neuartige wasserabweisende Oberflächen entwickeln, interessieren sich sehr für sie (siehe S. 261).

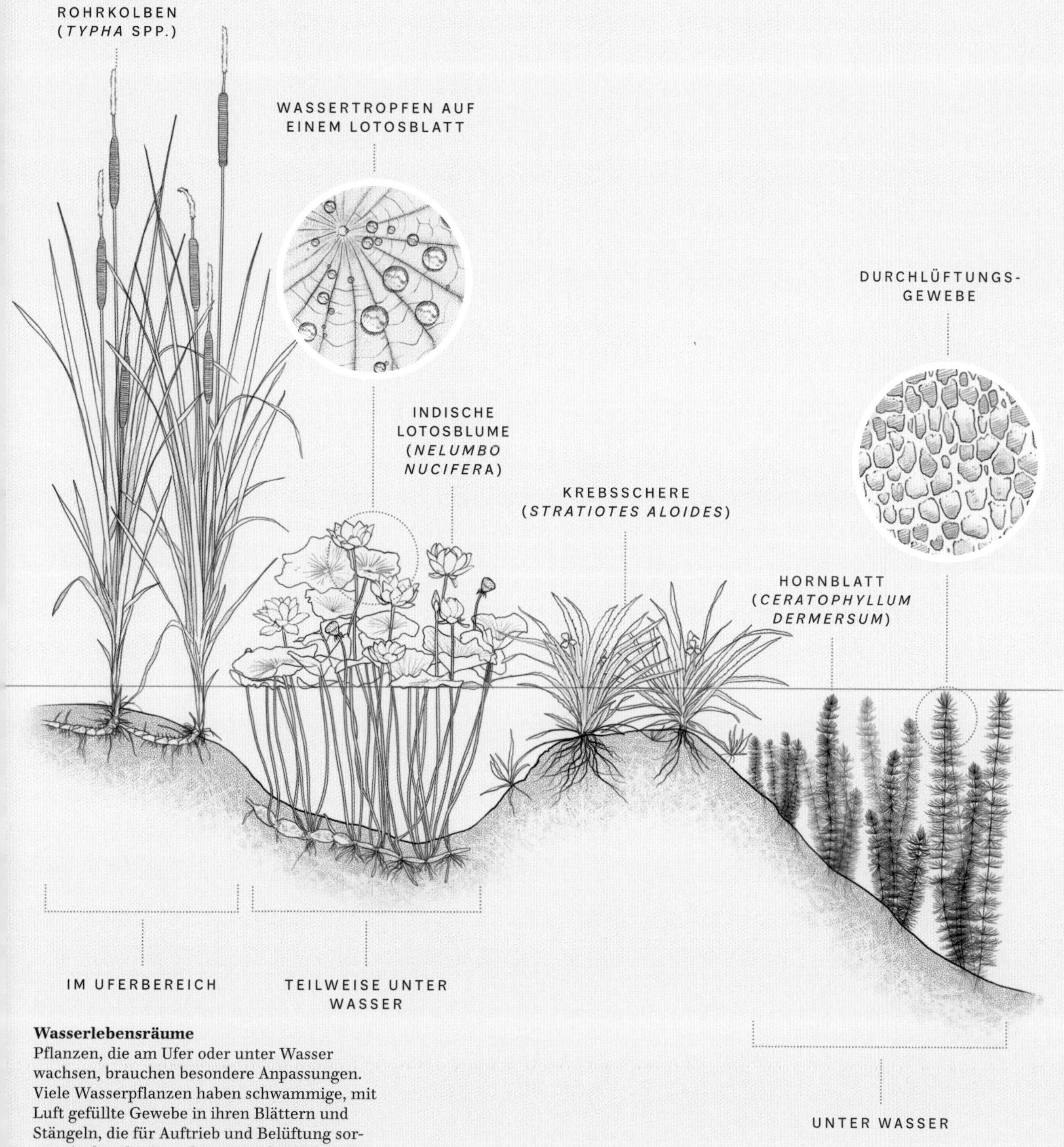

Wasserlebensräume
Pflanzen, die am Ufer oder unter Wasser wachsen, brauchen besondere Anpassungen. Viele Wasserpflanzen haben schwammige, mit Luft gefüllte Gewebe in ihren Blättern und Stängeln, die für Auftrieb und Belüftung sorgen. Andere besitzen lange, steife Blätter, die schwankende Wasserstände tolerieren.

Das Leben im Meer ist nicht einfach. Wegen des hohen Salzgehalts und der starken Strömung ist diese Umgebung so lebensfeindlich für Pflanzen, dass die meisten hier nicht wachsen können. Doch einige Blütenpflanzen sind daran angepasst.

MEERE UND OZEANE

Blütenpflanzen, die im Meer vorkommen, sind wichtige Bestandteile der Ökosysteme unter Wasser, weil sie vielen Meerestieren Nahrung und Rückzugsmöglichkeiten bieten. Zudem stabilisieren sie den Meeresboden. See-, Neptun- und Tanggräser bilden mitunter ausgedehnte Unterwasserwiesen. Sie haben bandförmige Blätter, breiten sich mit Rhizomen aus und bilden kleine, unauffällige Blüten, deren Bestäubung unter Wasser geschieht. Es gibt vier Familien, die auf den ersten Blick ähnlich aussehen: die Zosteraceae, Cymodoceaceae, Ruppiaceae und Posidoniaceae. Das Neptungras *Posidonia oceanica* gehört zur Familie Posidoniaceae. Kugelige Ballen aus dem faserigem Material dieser Pflanze, die an den Strand gespült werden, nennt man Meerbälle. Der Lebenszyklus der Pflanze wird auf der gegenüberliegenden Seite beschrieben.

Anders als die Gräser, die an Land wachsen (Mitglieder der nicht verwandten Familie Poaceae; siehe S. 236–237), besitzen Seegräser keine Spaltöffnungen (Stomata), die bei den meisten Pflanzen den Gasaustausch ermöglichen. Stattdessen befinden sich entlang der Blattadern Luftkammern, die für Auftrieb sorgen und dadurch Fotosynthese ermöglichen.

Die Arten der Gattung *Halophila* kommen weltweit in warmen Meeren vor. Sie breiten sich inzwischen auch in kühleren Meeren aus, etwa im Mittelmeer. Obwohl sie ihnen auf den ersten Blick ähneln, sind sie nicht mit den See- und Neptungräsern verwandt. Vor allem in den Tropen sind sie wichtige Bestandteile der Ökosysteme im Meer.

LEBENSZYKLUS DES NEPTUNGRASES

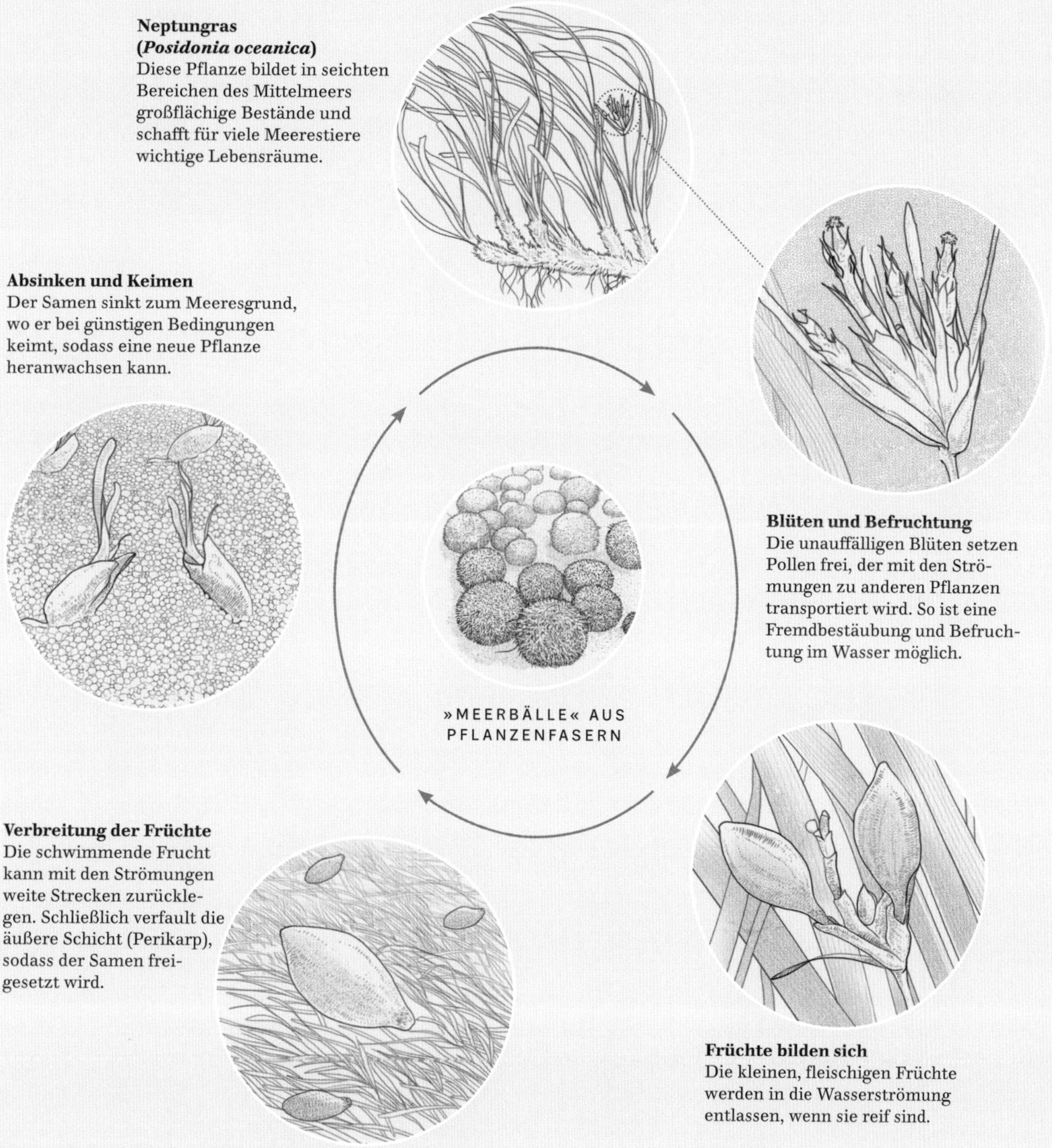

Einige Pflanzen sind wahre Überlebenskünstler. Sie nehmen nur Wasserdampf aus der Luft und Regenwasser auf, das an der Rinde von Bäumen herabrinnt.

WILDBLUMEN IN DER LUFT

Die hier vorgestellten Pflanzen sind Mitglieder der Familie der Bromeliengewächse (Bromeliaceae), zu der auch die Ananas gehört. Viele Arten wachsen in Waldgebieten in Nord-, Mittel- und Südamerika hoch in den Baumkronen auf Ästen. Einige kommen auf feuchten Felsbändern vor und andere sieht man im warmen, feuchten Klima auf Hausdächern und sogar auf Telegrafenleitungen. Sie bilden trichterförmige Blattrosetten und röhrenförmige Blüten, die sich oft an zweizeiligen Blütenständen mit auffällig gefärbten Hochblättern öffnen.

Die meisten dieser Pflanzen, die manchmal als »Luftnelken« bezeichnet werden, sind darauf angewiesen, dass Tiere ihre Blüten bestäuben. Arten der Gattung *Tillandsia* bilden typischerweise röhrenförmige Blüten, deren Staubblätter und Narben herausragen und die von Kolibris bestäubt werden. Einige haben auffällige rosa, rote oder gelbe Blüten, die nicht duften und verschiedene Vögel anlocken, die in der Kronenregion der Wälder leben.

Diese Pflanzen bilden nur spärliche oder gar keine Wurzeln aus. Sie nehmen Wasser und Nährstoffe nicht aus dem Boden, sondern direkt aus der Luft auf. Staubteilchen und Mineralstoffe in der Atmosphäre lösen sich im Regenwasser und Tau, und auch von der Baumrinde, an der sich die Pflanzen festhalten, werden Mineralien zur Pflanze gespült. Diese nimmt sie mit winzigen Saughaaren (Trichomen) auf, die ihre Blätter bedecken.

A. Louisianamoos (*Tillandsia usneoides*) wird in vielen Gewächshäusern botanischer Gärten kultiviert. Ihre silbrigen, fadenförmigen Blätter hängen in Massen herab. Diese Pflanze erinnert an eine Flechte, ist aber eine Blütenpflanze.

C. *Tillandsia gardneri* ist in nassen, tropischen Wäldern in Südamerika und der Karibik heimisch. Sie bildet steife Blätter, die dem Blattschopf einer Ananas ähneln.

B. Die Blaue Tillandsie (*Wallisia cyanea*) wächst in nassen Tropenwäldern in Südamerika von Ecuador bis ins nordwestliche Peru. *Cyanea* bedeutet »blau« und bezieht sich auf die tiefblaue bis violettblauen Blüten, die sich zwischen magentafarbenen Hochblättern öffnen.

Feuer hat große zerstörerische Kraft. Viele Pflanzengesellschaften überstehen Brände nicht, aber es gibt einige Pflanzen, die von deren Auswirkungen profitieren. Manche Arten sind sogar auf Brände angewiesen.

BRÄNDE ÜBERSTEHEN

Es mag überraschend scheinen, dass viele Pflanzen und ganze Pflanzengesellschaften Brände überstehen und sogar an regelmäßig wiederkehrende Wald- oder Buschbrände angepasst sind. Einige Arten können nur nach einem Brand Samen bilden oder sie verstreuen. Solche feuertoleranten Pflanzen nennt man Pyrophyten. Viele Pyrophyten kommen im mediterranen Klima vor, wie z. B. in Südeuropa, Südafrika sowie in Teilen der USA und Australiens.

Einige Pflanzen, unter ihnen viele Kiefern und die Korkeiche, überleben leichtere Brände, weil ihre Wurzeln tief in den Boden reichen und ihre Borke sehr dick und robust ist. Man bezeichnet sie als passive Pyrophyten, weil sie Brände überleben, aber nicht auf sie angewiesen sind, um ihren Lebenszyklus abzuschließen.

Die Samen mancher Arten keimen erst, nachdem sie einem Feuer ausgesetzt waren. Andere Pflanzen sind indirekt auf Brände angewiesen, weil nährstoffreiche, kahle Flächen zurückbleiben, die sie besiedeln können, ohne mit benachbarten Pflanzen um Ressourcen konkurrieren zu müssen. Manche Sträucher sterben nach einem Feuer oberirdisch ab, treiben jedoch später aus tief reichenden Wurzeln wieder aus. Einige Eichen, Zistrosen und südafrikanische Zuckerbüsche, wie die Königs-Protea, erholen sich nach einem Buschbrand oft schnell und ihre abgestorbenen, verkohlten Überreste treiben wieder aus.

Pflanzen, die Feuer benötigen, um sich fortzupflanzen, enthalten oft flüchtige, leicht entflammbare Öle, die die Entstehung und Ausbreitung von Bränden begünstigen. Diese Pflanzen nennt man auch aktive Pyrophyten. Zu ihnen gehören Eukalypten und einige Zistrosenarten.

NACH EINEM BRAND

Ein Brand
Einige Pflanzen, wie die Königs-Protea (*Protea cynaroides*), die in der Kapregion in Südafrika vorkommt, können ihren Lebenszyklus erst nach einem Buschbrand abschließen.

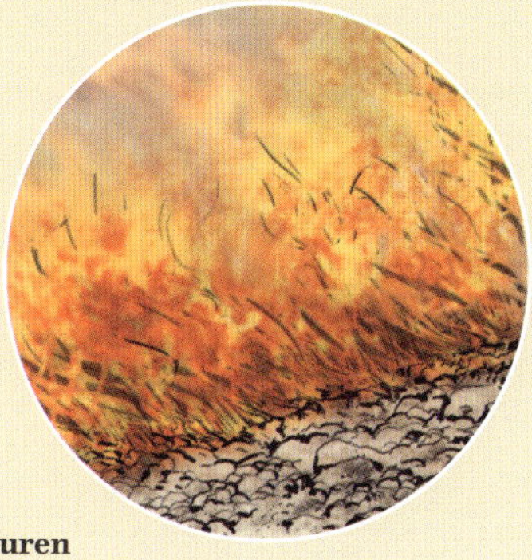

In zapfenähnlichen Strukturen bleiben die Samen lange Zeit an der Pflanze.

Blüte und Samenbildung

Im Feuer sterben die alten Pflanzen ab und ihre Samen werden freigesetzt.
Nach einem Brand werden die Samen aus langlebigen zapfenähnlichen Strukturen an der Pflanze freigesetzt.

Die jungen Pflanzen wachsen heran und blühen schließlich.
In den Perioden zwischen den Bränden entwickeln sich die Sträucher und blühen ab einem gewissen Alter jedes Jahr. Aus den Blüten entwickeln sich zapfenähnliche Strukturen, die die Samen enthalten.

Die Keimlinge erscheinen einige Monate nach dem Brand.
Bald nachdem der Brand vorüber ist, keimen die Samen und die Keimlinge entwickeln sich rasch.

Viele Pflanzen wachsen dort, wo keine Menschen unterwegs sind. Felswände, Klippen und Schluchten, die seit Jahrtausenden nicht betreten wurden, bieten seltenen Wildblumen Refugien.

FELSEN UND KLIPPEN

An Klippen und senkrechten Felswänden können seltene und ungewöhnliche Pflanzen ungestört wachsen. Tatsächlich gibt es einige Arten, die nur in solchen Habitaten vorkommen. Man bezeichnet sie als Chasmophyten (der Begriff »Lithophyt« hat eine ähnliche Bedeutung und bezeichnet Pflanzen, die an Gestein angepasst sind. Beide Begriffe werden oft synonym verwendet.)

Viele Chasmophyten haben ähnliche Anpassungen wie Pflanzen, die im Gebirge, in Wüsten oder in anderen trockenen Gebieten vorkommen, weil sie an ihren Standorten Trockenheit und starke UV-Strahlung ertragen müssen. Deshalb haben diese Arten mit Wachs bedeckte oder behaarte Oberflächen und einen kompakten Wuchs; manche sind Sukkulenten.

- **Strand-Grasnelke (*Armeria maritima*)** Dies ist eine kompakte, ausdauernde Pflanze, die Bestände bildet und rundliche rosa Blütenstände auf langen Stielen hervorbringt. Sie kommt auf der ganzen Nordhalbkugel an Küsten vor.
- **Meerfenchel (*Crithmum maritimum*)** gehört zur Familie der Doldenblütler (Apiaceae) und ist entfernt mit der Karotte verwandt. Er ist gut an das Leben auf Felsen angepasst und sehr salztolerant. Solche Pflanzen, sogenannte Halophyten, kommen in ganz Europa und im westlichen Asien vor.
- ***Aeonium tabuliforme*** ist eine von vielen Crassulaceen, die auf den Kanarischen Inseln vorkommen (siehe S. 180). Diese Art hat keine Stängel und wächst niederliegend in Spalten an Klippen. Die sukkulenten Blätter speichern Wasser.

Auf den Inseln Kreta und Zypern im östlichen Mittelmeerraum ist die Chasmophytenflora artenreich, denn die vielen Schluchten boten den Pflanzen Schutz, während sich die Vegetation in ihrer Umgebung veränderte. Die Königskerze *Verbascum arcturus* ist ein seltener Endemit, der auf Kreta vorkommt. Er wächst nur an senkrechten Kalksteinwänden, die für Menschen kaum zugänglich sind.

Sich gut festhalten
Diese vier Pflanzenarten sind an das Leben in Spalten an Felswänden angepasst.

Hauswurzen *pflanzt man seit langer Zeit auf* ***Dächern,*** *und früher glaubte man, sie würden das Haus vor* ***Blitz-einschlägen*** *schützen.*

Pflanzen besiedelten bereits seit langer Zeit Hausdächer, als begrünte Dächer in Mode kamen. An diesen Standorten sind sie starkem Wind und Regen ausgesetzt und trocknen im Sommer oft aus. Nur sehr robuste Wildblumen können hier wachsen.

AUF HAUS-DÄCHERN

Die Hauswurzen (*Sempervivum*) sind eine Gattung von Sukkulenten, die gut mit exponierten Habitaten wie Hausdächern oder alte Mauern zurechtkommen, wo der Untergrund häufig austrocknet. Ihr wissenschaftlicher Name bedeutet »immer lebend« und bezieht sich auf ihre Widerstandsfähigkeit. Sie sind in den Gebirgen in Europa und Kleinasien heimisch und ihre kompakten Rosetten aus sukkulenten Blättern sind an trockene, steinige Standorte angepasst. Dächer bieten ihnen ähnliche Bedingungen wie Geröllhalden im Gebirge, auf denen sie in der Natur vorkommen. Diese Pflanzen bilden Horste und Ableger, und wenn die Blattrosette ausgereift ist, wächst ein kräftiger Blütenstand empor. Nach der Blüte stirbt die Hauptpflanze ab. Eine Art (*S. arachnoideum*) bildet spinnwebartig behaarte Rosetten aus. Die Haare schützen die Pflanze vor starkem Sonnenlicht und extremen Temperaturschwankungen.

Mauerpfeffer und Fetthennen (Gattung *Sedum*) sind Sukkulenten, die auf alten Hausdächern wachsen. Ihre Stängel, an denen kleine, dicht stehende Blätter sitzen, bilden Büschel oder Teppiche. Man bepflanzt Flachdächer mit diesen Wildblumen, weil sie die extreme Witterung ertragen. Scharfer Mauerpfeffer (*Sedum acre*) siedelt sich oft spontan auf Sand und Kies, an Wegrändern, auf Mauern und zwischen Gehwegplatten an – und auch auf alten Dächern.

Die arktische Tundra gehört zu den unwirtlichsten Gegenden, die man sich vorstellen kann. Trotzdem wachsen in dieser windigen, eiskalten Umgebung, in der die Sonne monatelang nicht aufgeht, einige Wildpflanzenarten.

EIS UND SCHNEE

Die meisten Menschen denken an öde, steinige Landschaften, Gletscher, Eisschollen und Eisbären, wenn sie sich die Arktis vorstellen. Manche sind überrascht, dass in dieser Region Blütenpflanzen vorkommen. Die Wildblumen der Arktis wachsen bei extremen Bedingungen. Viele sind klein und in Spalten verwurzelt, wo sie Schmelzwasser aufnehmen. Die niedrigwüchsigen Pflanzengesellschaften überleben eine erhebliche Schneelast und starken Wind.

- **Zwergbirke (*Betula nana*)** Die Blätter dieses Zwergstrauchs der arktischen Tundra verfärben sich im Herbst orangerot. Er wächst in Gruppen und ist gut an die unwirtlichen Bedingungen in seinem Lebensraum angepasst.
- **Stängelloses Leimkraut (*Silene acaulis*)** In Felsspalten und zwischen Geröll bildet diese Art niedrige Polster. Im kurzen arktischen Sommer öffnen sich viele dunkelrosa Blüten, die hübsche Farbtupfer in der Landschaft sind.
- **Alpen-Säuerling (*Oxyria digyna*)** Die Art ist in der Arktis und in den Gebirgen auf der Nordhalbkugel heimisch. Sie ist mit den Ampferarten verwandt, die in tieferen Lagen vorkommen. Eine Pfahlwurzel verankert sie an ihren instabilen Standorten und sie bildet dicht stehende, rot-grüne Blütenstände.
- ***Silene uralensis*** Dieses ausdauernde Leimkraut erträgt extreme Kälte und kommt in Grönland, im nördlichen Kanada, in Alaska, Ostasien und Sibirien vor. Seine Blätter bilden am Boden büschelige Gruppen und die aufgeblasenen Kelchröhren sind charakteristisch dunkel gestreift.

Silene uralensis
Dieses Nelkengewächs erträgt extreme Kälte, starken Wind und Schnee. Es wächst in dichten, robusten Gruppen. Während der milderen Sommermonate öffnen sich die Blüten an langen Stielen.

Felsen-Greiskraut
(*Senecio squalidus*)
Diese Hybride ist gut an Bahngleise angepasst, denn der Schotter ähnelt dem Vulkangestein am Ätna in Sizilien, dem Ursprungsgebiet der Elternarten.

Bahngleise kommen einem nicht gleich in den Sinn, wenn man an ideale Standorte für Wildblumen denkt. Der trockene Schotter ähnelt jedoch einem Kiesstrand oder einer Geröllhalde im Gebirge. Die Gleisanlagen werden deshalb von Arten aus solchen Habitaten besiedelt.

BAHNGLEISE

In künstlichen, von Menschen geschaffenen Habitaten wachsen oft erstaunlich viele Wildblumen. Pionierarten und opportunistische Pflanzen breiten sich entlang von Straßen, Bahngleisen und Wasserwegen aus.

Die interessante Geschichte des Felsen-Greiskrauts (*Senecio squalidus*; siehe gegenüber), das auch Oxford-Greiskraut genannt wird, ist eng mit der Geschichte der Eisenbahn in Großbritannien verbunden. Die Botaniker Francesco Cupani und William Sherard brachten zwei Greiskraut-Arten (*Senecio*) nach England, wahrscheinlich zwischen 1700 und 1702. Sie hatten sie in verschiedenen Höhenlagen am Ätna in Sizilien gefunden. Die beiden Arten wuchsen im Badminton Garden von Mary Somerset, der Herzogin von Beaufort, direkt nebeneinander und hybridisierten. Später kultivierte der Gärtner Jacob Bobart der Jüngere Nachkommen der Hybriden im Botanischen Garten der Universität Oxford. Die Pflanzen besiedelten bald die Gemäuer der Colleges in der Stadt und erreichten schließlich den Bahnhof. Während der industriellen Revolution breitete sich das Greiskraut entlang der Bahngleise aus. Das geschah recht rasch, weil die Samen vom Wind verweht und mit Zügen verbreitet wurden. Der Schotter der Bahngleise ähnelt dem Vulkangestein an den Hängen des Ätna, wo die Pflanzen ursprünglich wuchsen.

Der Schmetterlingsstrauch (*Buddleja davidii*), der in Zentralchina heimisch ist, ist bei uns ein Gartenflüchtling und hat sich auch in vielen anderen Regionen der Erde ausgebreitet. Der Schotter der Bahngleise und steinige Brachflächen bieten ähnliche Bedingungen wie das steinige Gelände, in dem sich dieser Strauch entwickelt hat. Seine nektarreichen Blüten locken zahlreiche Schmetterlinge an, daher der deutsche Name der Pflanze.

In Vulkanlandschaften kommen viele endemische Pflanzenarten vor. Um auf diesen mineralreichen und trockenen Standorten wachsen zu können, benötigen Pflanzen einzigartige Anpassungen.

VULKAN-LANDSCHAFTEN

In Vulkangebieten ist die Flora oft sehr typisch. Auf den Kanarischen Inseln, die im Atlantischen Ozean vor der Nordwestküste Afrikas liegen, gibt es acht große und viele kleinere Inseln. Die Hauptinseln waren einst vulkanische Seamounts, deren Gipfel schließlich über die Meeresoberfläche ragten. Wie bereits auf S. 180 beschrieben, kommen auf den Inseln viele Endemiten vor (Pflanzen, die es nirgendwo sonst gibt), unter ihnen zahlreiche *Aeonium*-Arten.

Als »Malpaís« (»schlechtes Land«) bezeichnet man die öde, steinige Landschaft der Kanaren, die aus einstigen Lavafeldern entstand. In tieferen Lagen herrschen diese Lebensräume vor und über diese Flächen mit den unzähligen großen, schroffen Felsbrocken kann man kaum laufen. Auf den Steinen haben sich viele Flechten angesiedelt, die der Landschaft eine charakteristische grüne Färbung verleihen. In vielen alten Malpaís-Landschaften, die bereits vor Jahrhunderten entstanden sind, kommen *Euphorbia balsamifera*, die Oleanderblättrige Kleinie (*Kleinia neriifolia*), die imposante, kandelaberartige Kanaren-Wolfsmilch (*Euphorbia canariensis*) und andere endemische Sukkulenten vor.

Kanaren-Wolfsmilch
(*Euphorbia canariensis*)
Die hoch aufragenden, sukkulenten Sprosse dieser Wolfsmilch erinnern an Orgelpfeifen. Weil in ihnen viel Wasser gespeichert ist, kann die Pflanze lange Perioden ohne Regen überstehen.

Tiganophyton karasense

VERÄNDERUNGEN

KAPITEL VI

VIELE PFLANZENARTEN SIND GEFÄHRDET. Pflanzen gibt es seit Jahrmillionen, aber ihre Lebensräume verschwinden und der Klimawandel führt zu besorgniserregenden Veränderungen der Vegetation. Pflanzen können aber auch dazu beitragen, diese Probleme zu lösen. Es war nie so wichtig wie heute, sie zu schätzen.

GEFÄHRDETE TULPEN

Einige Wildtulpen, wie die Arten der Gebirge in Zentralasien, sind gut an Standorte angepasst, an denen es zu bestimmten Jahreszeiten kalt ist. Weil es außer dem Klimawandel noch andere Bedrohungen gibt, wie Überweidung, das Wachstum von Städten und den Abbau von Bodenschätzen, konnten einige seltene Tulpenarten in der Natur aussterben.

Schrumpfende Lebensräume
Die Kleine Stern-Tulpe (*Tulipa dasystemon*) ist eine beliebte Gartenpflanze. In ihrer Heimat in Zentralasien (wie in den Gebirgen Kirgisistans) ist sie noch weit verbreitet, aber weil wegen des Klimawandels viele ihrer Lebensräume verschwinden, ist sie gefährdet.

Der Klimawandel führt dazu, dass sich die Vegetation alarmierend schnell verändert. Pflanzen könnten jedoch dazu beitragen, die größten Probleme der Menschheit in den Griff zu bekommen.

KLIMAWANDEL

Der Klimawandel beeinflusst, welche Pflanzen wo wachsen können. Extreme Wetterereignisse können beispielsweise dazu führen, dass Arten in bestimmten Regionen aussterben oder in höhere Lagen abwandern, sodass sich die Pflanzengesellschaften verändern. Die klimatischen Veränderungen wirken sich auch darauf aus, wann sich die Blätter entfalten und zu welcher Zeit sich Blüten und Samen bilden (man bezeichnet dies als Phänologie). Viele Pflanzen blühen inzwischen früher im Jahr, und wenn ihre Bestäuber zu dieser Jahreszeit noch nicht aktiv sind, können sie keine Früchte mit Samen bilden.

Der Anstieg der Temperaturen und andere klimatische Veränderungen wirken sich direkt auf alle Kultur- und Wildpflanzen aus. In Großbritannien sind die Gebiete, in denen man Wein anbauen kann, inzwischen doppelt so groß, und mittlerweile werden auch andere Nutzpflanzen angebaut, wie z. B. Sojabohnen, die bisher vor allem aus Südamerika importiert wurden.

Pflanzen können zur Lösung der größten Probleme der Menschheit beitragen, wie zu einer sicheren Versorgung mit Lebensmitteln und einer Abmilderung des Klimawandels. Eine pflanzenreiche Ernährung würde sich positiv auf die Umwelt auswirken. Betrachtet man dies im größeren Maßstab, könnte der Klimawandel sogar deutlich abgemildert werden. Bäume nehmen im Lauf ihres Lebens große Mengen Kohlendioxid aus der Luft auf und speichern es. Es reicht zwar nicht aus, Bäume zu pflanzen, um den Klimawandel aufzuhalten, aber es ist mit Sicherheit hilfreich.

Pflanzen, die in einer fremden Region eingeführt wurden, können invasiv werden und die lokale Flora verdrängen. Obwohl diese Gefahr weniger offensichtlich ist als Lebensraumzerstörung, entstehen dabei mitunter große Schäden.

INVASIVE ARTEN

Menschen bringen seit Jahrtausenden Pflanzen in neue Regionen, die meisten unserer Gartenpflanzen stammen aus anderen Ländern. Viele nicht einheimische Pflanzen, die in der Natur wachsen, schädigen die Ökosysteme gar nicht oder kaum. Einige Arten jedoch sind sehr problematisch und man bezeichnet sie als invasive Arten, denn sie können die einheimische Vegetation verdrängen.

Es ist nicht immer leicht zu erkennen, ob eine Wildblume einheimisch ist und ob sie invasiv ist oder nicht. Bekannte invasive Arten in Mitteleuropa sind z. B. der Japanische Staudenknöterich (*Fallopia japonica*), der Riesen-Bärenklau (*Heracleum mantegazzianum*) und das Drüsige Springkraut (*Impatiens glandulifera*).

Es gibt jedoch auch weniger bekannte Wildpflanzen, die in bestimmten Regionen Europas invasiv sind. Zu ihnen gehören die Essbare Mittagsblume (*Carpobrotus edulis*), eine kleine südafrikanische Sukkulente, die in Gegenden mit mildem Klima als Zierpflanze kultiviert und auf Sanddünen gepflanzt wird, wo sie Erosion verhindern soll. Sie ist zwar hübsch anzusehen, aber sie bildet dichte Teppiche, die den Boden im Lauf der Zeit stark verändern und die heimische Vegetation verdrängen. Zwei weitere Beispiele werden gegenüber vorgestellt.

Purpurtaupflanze (*Disphyma crassifolium*) Diese in Südafrika und Australien heimische Pflanze ist mit der Essbaren Mittagsblume (siehe gegenüber) verwandt. Sie hat sich auf Felsen an Küsten und in Dünen ausgebreitet, wo sie dichte Teppiche bildet.

Seltsamer Lauch (*Allium paradoxum*) Diese Zwiebelpflanze ist in Gebirgsregionen im Iran, im Kaukasus und in Turkmenistan heimisch. Wenn man sie zerreibt, riecht sie nach Knoblauch. In Wäldern bildet sie dichte Bestände.

In einer sich ***schnell verändernden Welt*** *sind viele Wildpflanzen* ***gefährdet.*** *Der* ***Schutz*** *der* ***Pflanzen*** *ist genauso wichtig wie der Schutz der* ***Tiere****.*

Lebensraumverlust ist die größte Bedrohung für Wildpflanzen, und in Verbindung mit dem Klimawandel führt er dazu, dass viele Pflanzenarten aussterben.

LEBENSRÄUME GEHEN VERLOREN

Die Formenvielfalt der Pflanzen ist geradezu verwirrend. Aber die Vielfalt zu ordnen, ist nur eine der Herausforderungen für Botanikerinnen und Botaniker. Eine andere Frage ist, weshalb sich Vielfalt entwickelt. Verschiedene Faktoren, wie die Geologie, das Klima und Wechselbeziehungen zu anderen Lebewesen, haben die heutigen Lebensräume der Pflanzen geformt und ihre Vielfalt hervorgebracht. Pflanzen haben sich von der Arktis bis in die Tropen daran angepasst, bei verschiedensten Umweltbedingungen zu wachsen. In den unterschiedlichen Lebensräumen sind viele Wuchsformen entstanden.

Der Verlust von Lebensräumen bedroht die Pflanzen und die Artenvielfalt weltweit. Aber nicht in allen Regionen der Erde ist die Artenvielfalt gleich hoch. Das bedeutet, dass Lebensraumzerstörung in einer bestimmten Region – wie beispielsweise in einem tropischen Regenwald – dazu führen kann, dass besonders viele Arten aussterben. Zudem machen Bäume auf der Nordhalbkugel zwar den größten Teil der Biomasse aus, aber für die Artenvielfalt sind sie nicht so bedeutend, denn es gibt viel mehr Arten krautiger Pflanzen.

WISSEN GEHT VERLOREN Unser uraltes Wissen über Pflanzen geht verloren. Menschen besiedeln seit Jahrtausenden immer neue Gegenden und haben sich im Lauf der Zeit viel Wissen über die Verbreitung von Pflanzenarten und ihre Verwendung angeeignet. Heute sterben unzählige Pflanzenarten in alarmierender Geschwindigkeit aus, und die meisten Menschen wissen gleichzeitig immer weniger über Pflanzen.

Tiganophyton karasense
Diese Art ist der Wissenschaft erst seit kurzer Zeit bekannt. Man hat sie wahrscheinlich übersehen, weil sie ausgesprochen selten ist. Es handelt sich nicht nur um eine neue Art, sondern sie gehört zu einer Pflanzenfamilie, die bisher unbekannt war.

Wenn wir über gefährdete Arten und den Verlust der Biodiversität nachdenken, fallen den meisten von uns zunächst Tierarten ein. Aber für Tiere wie auch für Menschen sind Pflanzen überlebenswichtig, und auch viele Pflanzenarten sind gefährdet.

GEFÄHRDETE ARTEN

Botaniker beeilen sich, neu entdeckte Wildpflanzen zu beschreiben und zu benennen, denn viele Arten könnten bald aussterben. Folgende Pflanzen wurden seit 2020 beschrieben und sind in der Natur extrem selten oder gefährdet:

- ***Tiganophyton karasense*** Es handelt sich nicht nur um eine neue, vor Kurzem entdeckte Art, sondern sie gehört sogar einer neuen Gattung und Familie an (Tiganophytaceae). Die Pflanze wächst in der Karoo, einer Halbwüstenlandschaft im südlichen Namibia, in heißen Salzpfannen.
- ***Sternbergia mishustinii*** 1997 wurde diese Art entdeckt, als ein ukrainischer Wissenschaftler in der südlichen Türkei die Samen einer noch nicht beschriebenen Zwiebelpflanze sammelte. Die Art wurde 2022 offiziell beschrieben und ist vermutlich vom Aussterben bedroht.
- ***Lophopetalum tanahgambut*** Ein indonesischer Botaniker und sein Team schwammen durch einen schlammigen Fluss, mussten vor Tigern auf der Hut sein und kletterten auf diesen riesigen Baum mit knotigen Wurzeln, um herauszufinden, ob es sich um eine bisher nicht beschriebene Art handelt – und das war tatsächlich der Fall.
- ***Rafflesia banaoana*** Der Autor und ein Team philippinischer Botaniker erforschten diese Art 2023, sodass die Zahl der *Rafflesia* Arten (von denen einige die größten Blüten der Welt bilden) auf den Philippinen auf 15 stieg. Die Pflanze war zuvor mit einer ähnlichen *Rafflesia*-Art verwechselt worden, die weiter östlich vorkommt. Die meisten Arten der Gattung *Rafflesia* sind bedroht, weil ihre Lebensräume zerstört werden.

Botanikerinnen und Botaniker können erforschen, wie sich die Lebensräume im Lauf der Zeit verändert haben, indem sie konservierte Pflanzen untersuchen, die in Herbarien aufbewahrt werden.

PFLANZEN KONSERVIEREN

Wir konnten uns vor allem deshalb viel Wissen über die Vielfalt der Wildpflanzen aneignen, weil zahlreiche Herbarien angelegt wurden. Seit Jahrhunderten sammelt man gepresste Pflanzen. Die ältesten Herbarien legten weit gereiste Botaniker im 17. Jahrhundert in Europa an. Zu dieser Zeit wuchs das Wissen über Pflanzen so rasch, dass nicht alle neu entdeckten Pflanzen in botanischen Gärten kultiviert werden konnten. Deshalb bewahrte man getrocknete Pflanzen auf.

Heute sind Herbarien von großer Bedeutung. Sie helfen uns, die Verwandtschaftsverhältnisse und die Verbreitung der Arten zu verstehen und geben in einer Welt, die sich rasch verändert, Anregungen für mögliche Verwendungen von Pflanzen.

Die meisten bekannten Wildpflanzenarten werden in einem Herbarium aufbewahrt. Sie wurden auf einem Papierbogen befestigt, auf dem meistens der Fundort und das Funddatum, der Lebensraum und andere Informationen festgehalten wurden. Die Herbarbelege werden gestapelt und in speziellen Schränken aufbewahrt, und man kann in ihnen »lesen« wie in den Büchern einer Bibliothek. Besonders bedeutende Herbarbelege sind sogenannte Typusexemplare. Es sind die Pflanzen, die man erforscht hat, um der Art ihren wissenschaftlichen Namen zu verleihen.

WISSENSCHAFTLICHE NAMEN

Wenn man eine Pflanze verstehen, schützen und nutzen möchte, muss man sie zunächst bestimmen und wissenschaftlich beschreiben. Neu entdeckte Wildpflanzenarten bekommen einen wissenschaftlichen Namen (siehe S. 224). Das Typusexemplar der Pflanzenart wird in einem Herbarium aufbewahrt.

DIE GESCHICHTE DER HERBARIEN

Dokumentation der Pflanzenwelt

Als Herbarium bezeichnet man eine Sammlung konservierter (meist gepresster) Pflanzen, die mit wichtigen Informationen versehen wurde. Seit mindestens sechs Jahrhunderten werden Herbarien angelegt, die Methoden haben sich wenig verändert. Heute befindet sich in diesen Sammlungen Pflanzenmaterial aus verschiedenen Regionen, das zu unterschiedlichen Zeiten herbarisiert wurde. Auch von Pflanzenarten, die bereits ausgestorben sind, gibt es Herbarbelege.

VOR 1500

Getrocknete Pflanzen werden in Italien in Briefen aufbewahrt und in Manuskripte eingeklebt. Es handelt sich nicht um große Sammlungen, aber es sind die Vorläufer der frühen Herbarien.

1543

Der italienische Botaniker Luca Ghini gründet in Pisa einen botanischen Garten und legt ungefähr zur gleichen Zeit das erste echte Herbarium an (es ist leider nicht erhalten).

16. JHD.

In ganz Europa werden nun Herbarien angelegt. Gelehrte in verschiedenen Ländern tauschen Herbarbelege aus und Herbarien sind wichtige Quellen des Wissens über Pflanzen.

17. JHD.

Der schwedische Naturforscher Carl von Linné legt ein Herbarium mit 13 000 getrockneten Pflanzen an. Seit 1829 ist es in der Linnean Society in London untergebracht.

1990–2010

Aus herbarisierten Pflanzen wird DNA gewonnen, um die Verwandtschaftsverhältnisse mit neuen Methoden zu erforschen.

2020

In Herbarien aufbewahrte Pflanzen tragen dazu bei, dass Forschende besser verstehen, wie sich der Klimawandel und der Einfluss des Menschen auf die Verbreitung von Pflanzen auswirken.

Kanaren-Glockenblume (*Canarina canariensis*)

BESTIMMEN

KAPITEL VII

WENN MAN MIT DER verwirrenden Vielfalt der Wildpflanzen konfrontiert wird, weiß man oft nicht, wo man mit dem Bestimmen beginnen soll. Es ist hilfreich, die wichtigsten Formen und Merkmale zu kennen und den verschiedenen Pflanzenfamilien zuordnen zu können. In diesem Kapitel werden wichtige Merkmale erläutert, von der Blütenform bis hin zu den unterschiedlichen Blattoberflächen.

Wenn man Wildpflanzen bestimmen will, ist es hilfreich, die wichtigsten Formen und Merkmale zu erkennen und zu wissen, welche Arten zu welcher Familie gehören.

WIE FÄNGT MAN AN?

Es ist ein schönes Hobby, Wildpflanzen zu bestimmen, und man kann es überall tun, egal, wo man wohnt. Auch wenn man die Biodiversität in einem bestimmten Gebiet erforschen und Strategien für Naturschutzmaßnahmen entwickeln möchte, muss man die Arten bestimmen. Es ist wichtig, sich einen Überblick über die Taxonomie zu verschaffen und typische Merkmale von Blüten und Blättern zu kennen. Dies sind einige Fragen, denen Anfänger auf den Grund gehen sollten:

1. **Bildet die Pflanze Sporen oder Samen?** Zu den samenlosen Pflanzen **(Kryptogamen)** gehören u. a. die Algen, Moose und Farne. Zu den Samenpflanzen **(Phanerogamen)** gehören die **Gymnospermen** (wie Nadelbäume) und alle Blütenpflanzen **(Angiospermen).**
2. **Gehört die Pflanze zu den Monokotyledonen oder den Eudikotyledonen?** Wie wir auf S. 36–37 gesehen haben, gehören die meisten Blütenpflanzen zu einer dieser beiden großen Gruppen. Wenn man weiß, zu welcher Gruppe eine Pflanze gehört, kann man auch die Familie, Gattung und Art leichter bestimmen.
3. **Zu welcher Gattung gehört die Pflanze?** Eine Gruppe nah verwandter Arten, die sich aus einem gemeinsamen Vorfahren entwickelt haben, nennt man Gattung. Wenn Sie die Gattung bestimmt haben, können Sie die Merkmale von Blüten und Blättern verschiedener Vertreter vergleichen, um die Art zu bestimmen (zum Beispiel mit einem dichotomen Schlüssel, siehe S. 226–227).
4. **Zu welcher Familie gehört die Pflanze?** Verwandte Gattungen fasst man zu Familien zusammen. Familien sind unterschiedlich groß. Die der Süßgräser (Poaceae) ist groß (siehe S. 236–237), aber alle Arten haben lange, schmale Blätter und unauffällige Blüten.

NOMENKLATUR

Jede Pflanzenart hat einen zweiteiligen wissenschaftlichen Namen, der aus dem Namen der Gattung und dem der Art besteht. Nehmen wir *Hibiscus tiliaceus* als Beispiel. *Hibiscus* ist der Name der Gattung und *tiliaceus* der Name der Art. Es gibt viele *Hibiscus*-Arten, aber nur eine trägt den Namen *Hibiscus tiliaceus*. Dies ist wichtig, um Verwechslungen zu vermeiden, wenn eine Pflanze viele deutsche Namen hat.

PFLANZENREICH

- BILDET KEINE SAMEN → (KRYPTOGAMEN)
  - HAT KEINE ECHTEN WURZELN, STÄNGEL ODER BLÄTTER → ALGEN (CHLOROPHYTA U. A. GRUPPEN)
  - HAT WURZEL- UND BLATTÄHNLICHE ORGANE → MOOSE (BRYOPHYTA)
  - HAT WURZELN, STÄNGEL UND BLÄTTER → FARNE UND SCHACHTELHALME (PTERIDOPHYTA)
- BILDET SAMEN → (PHANEROGAMEN)
  - BILDET KEINE BLÜTEN → GYMNOSPERMEN
    - NADELFÖRMIGE BLÄTTER → NADELBÄUME (PINOPHYTA)
    - BREITE BLÄTTER → GINKGOS (GINKGOPHYTA) UND PALMFARNE (CYCADOPHYTA)
  - BILDET BLÜTEN → ANGIOSPERMEN
    - EIN KEIMBLATT → MONOKOTYLEDONEN (Z.B. ORCHIDEE)
    - ZWEI KEIMBLÄTTER → EUDIKOTYLEDONEN (Z.B. MALVE)

MOOS DER GATTUNG *DAWSONIA*

Ein dichotomer Schlüssel ist eine Methode zur Bestimmung. Es werden immer zwei Merkmalsbeschreibungen angeboten, von denen man diejenige auswählt, die auf die Art zutrifft. Mit jeder Auswahl erhält man mehr Informationen über die Pflanze, bis man die Art bestimmen kann.

DICHOTOME SCHLÜSSEL

Wenn Sie den grundlegenden Bau der Wildpflanzen verstanden haben, können Sie die Pflanze mit einem Bestimmungsschlüssel bis zur Art bestimmen. Dichotome Schlüssel findet man in Bestimmungsbüchern und wissenschaftlichen Publikationen, und alle Taxonomen verwenden sie. Es werden Merkmale beschrieben und man hat immer zwei Auswahlmöglichkeiten. Schließlich kann man die Art bestimmen. Es gibt zwei Darstellungsformen: Schlüssel mit Verzweigungen (siehe gegenüber) oder (in Bestimmungsbüchern häufiger zu finden) nummerierte Abfolgen mit Auswahlmöglichkeiten.

Der dichotome Bestimmungsschlüssel für einige Laubbaumarten (siehe gegenüber) wurde vereinfacht. Wenn Sie eine dieser Baumarten bestimmen wollen, dann beginnen Sie mit den ersten beiden Auswahlmöglichkeiten. Nun arbeiten Sie sich im Schlüssel voran, bis Sie die Art bestimmen können.

BLÄTTER WECHSEL- ODER GEGENSTÄNDIG

BLÄTTER WECHSELSTÄNDIG

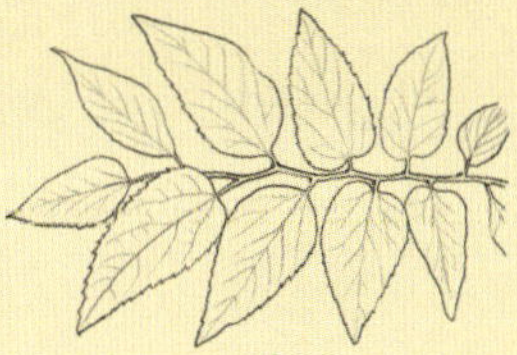

BLÄTTER ZUSAMMENGESETZT

CARYA GLABRA
FERKELNUSS

BLÄTTER MIT 3-5 FIEDERN

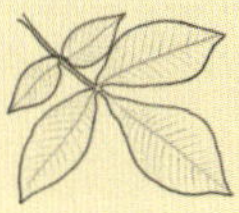

CARYA OVATA
SCHUPPENRINDEN-HICKORY

BLÄTTER MIT MEHR ALS 5 FIEDERN

JUGLANS CALIFORNICA
KALIFORNISCHE WALNUSS

BLÄTTER EINFACH

ALNUS RHOMBIFOLIA
WEISSERLE

BLÄTTER GEGENSTÄNDIG

BLÄTTER ZUSAMMENGESETZT

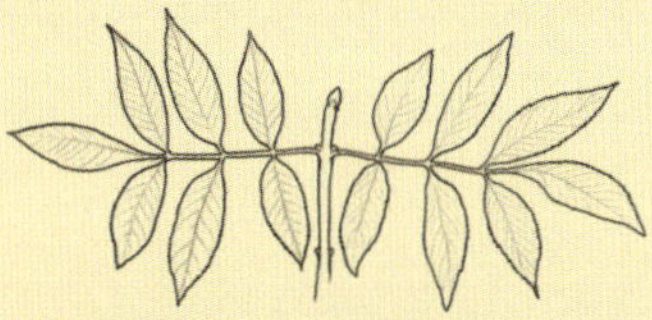

FRAXINUS EXCELSIOR
GEMEINE ESCHE

BLÄTTER EINFACH

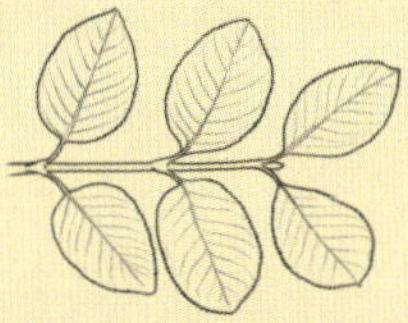

CORNUS SANGUINEA
ROTER HARTRIEGEL

AUSSCHLUSSPRINZIP

Mit dichotomen Schlüsseln kann man Pflanzen, Tiere, Pilze und auch Gesteine und Mineralien bestimmen. In diesem Beispiel geht es um Bäume, bei denen sich die Anordnung der Blätter unterscheidet. Der Schlüssel wurde vereinfacht und soll dazu dienen, die Prinzipien zu verstehen. Die ausgewählten Arten kommen selten nebeneinander vor. Der Schlüssel funktioniert nach dem Ausschlussprinzip.

Viele Pflanzenarten sind bedroht, weil wir ihre Umwelt verändern. Es ist wichtig, die Vegetation eines Gebiets zu dokumentieren, denn nur dann kann man Schutzmaßnahmen entwickeln. Auch Sie können ohne großen Aufwand Wildblumen pressen und herbarisieren.

DOKUMENTIEREN UND AUFBEWAHREN

GRÜNE SCHÖNHEITEN

Farnwedel lassen sich hervorragend pressen, denn sie bleiben gut erhalten. Wenn man sie jedoch der direkten Sonne aussetzt, verblasst die grüne Farbe bald.

Um Wildblumen bestimmen zu können, muss man sie (oder Teile von ihnen) pflücken, und das sollte man verantwortungsvoll tun. Will man beispielsweise kleine Merkmale in einem Blütenkelch erkennen, dann muss man die Pflanze abpflücken. Wenn Kinder Blumen pflücken, begeistern sie sich mit größerer Wahrscheinlichkeit für die Pflanzen und werden sich wahrscheinlich für ihren Schutz einsetzen. Man sollte aber auf keinen Fall seltene oder geschützte Arten pflücken und die Pflanze nicht samt ihren Wurzeln ausreißen.

Sie können die gesammelten Pflanzen pressen. Im Handel bekommt man verschiedene Pflanzenpressen, aber man kann auch einfache Dinge verwenden, die Sie wahrscheinlich zu Hause haben. Gegenüber finden Sie eine Anleitung.

WILDBLUMEN PRESSEN

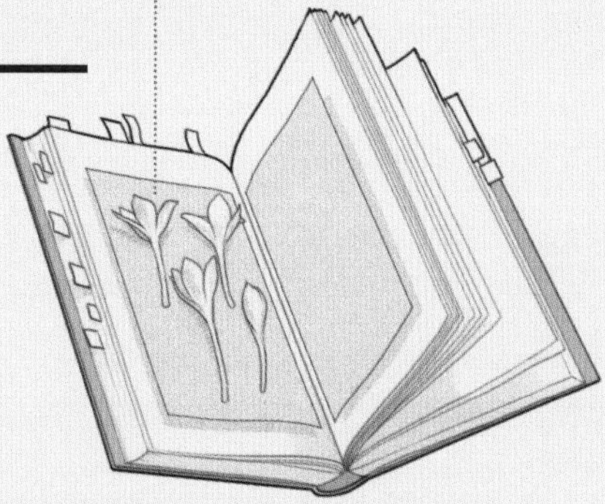

1.

Schneiden Sie unnötige Blätter oder Stängel ab, sodass die Pflanze flach liegt.

2.

Legen Sie das Exemplar zwischen mehrere Bögen Schreib- oder Zeitungspapier. Das ist besonders dann wichtig, wenn die Pflanzen viel Feuchtigkeit enthalten.

3.

Pressen Sie die Pflanze in einem dicken Buch oder unter mehreren Büchern (je mehr Gewicht auf ihr lastet, desto besser). Achten Sie darauf, dass keine Teile herausragen.

4.

Lassen Sie die Pflanze vier Wochen lang an einem warmen, trockenen Ort in der Pflanzenpresse. Danach ist sie völlig getrocknet.

5.

Legen Sie die gepresste Pflanze mit einer Pinzette auf ein Stück Karton oder einen sehr festen Papierbogen und kleben Sie sie fest.

6.

Rahmen Sie die Pflanze oder sammeln Sie alle Exemplare in einem Buch. Schreiben Sie dazu, wann und wo Sie sie gefunden haben. Sie können auch ein kleines Herbarium mit den Pflanzen Ihres Gartens anlegen.

Blätter haben unterschiedliche Formen, Größen und Farben und können glatt oder gerunzelt sein. Weitere Merkmale sind z. B. eine dicke Wachsschicht oder Haare an der Oberfläche.

BLATT-MERKMALE

Blätter gibt es in vielen Formen und Größen (siehe auch S. 46–47). Die Merkmale der Blattoberfläche wie auch die Form und Anordnung der Blätter oder Fiedern sind wichtige Bestimmungsmerkmale. Viele Blätter sind behaart (Pflanzenhaare bezeichnet man als Trichome). Sie können unterschiedliche Formen haben, die wiederum gute Bestimmungsmerkmale sind.

Gegenüber werden Merkmale der verschiedenen Blattoberflächen gezeigt, die für die Bestimmung der Art wichtig sind.

Die Blattoberfläche

Beim Bestimmen ist es wichtig, die Merkmale der Blattoberfläche zu untersuchen. Der Grad der Behaarung und die Beschaffenheit der Haare sowie ihre Farbe sind wichtige Bestimmungsmerkmale. Hier werden einige der häufigsten Oberflächenmerkmale vorgestellt.

Glatt
Ohne Behaarung

Bläulich bereift
Mit einer bläulichen oder silbrigen Wachsschicht bedeckt

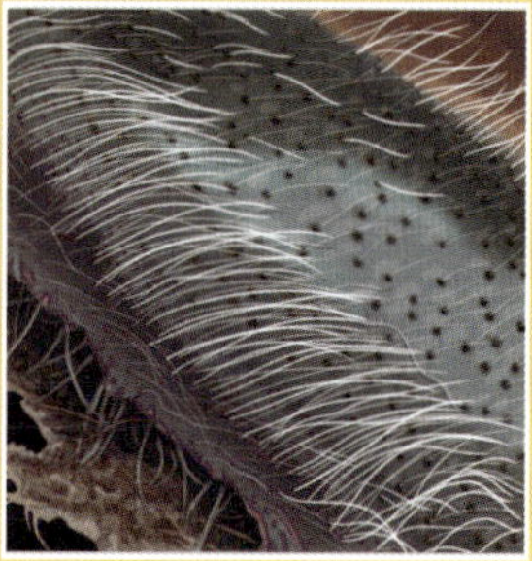

Steif behaart
Mit langen, geraden, steifen Haaren bedeckt

Wollig behaart
Mit langen, verflochtenen Haaren bedeckt

Dicht filzig behaart
Mit einer verfilzten Haarschicht bedeckt

Flaumig behaart
Mit mehr oder weniger dichten Haaren bedeckt

Rau behaart
Die Blattoberfläche fühlt sich rau und borstig an.

Seidig behaart
Mit langen, seidigen Haaren bedeckt, die meistens an der Oberfläche anliegen

Sternhaare
Die Haare haben viele lange, sternförmige Strahlen.

Filzig behaart
Mit verfilzten Haaren bedeckt

Weltweit gibt es etwa 300 000 Wildblumenarten, die Blüten mit vielfältigen Formen, Größen und Farben bilden. Wenn man die Arten bestimmen will, sollte man die häufigsten Formen erkennen.

BLÜTENFORMEN

Auf S. 40–41 haben wir gesehen, dass Blüten aus Blattkreisen bestehen, normalerweise aus Kelch-, Kron-, Staub- und Fruchtblättern. Wenn man Wildblumen bestimmen will, sollte man die verschiedenen Teile erkennen und verstehen, wie sie angeordnet sind. Auf der gegenüberliegenden und den folgenden Seiten werden Formen vorgestellt, denen man häufig begegnet.

Meistens haben nah verwandte Arten gemeinsame Merkmale. Die meisten Arten, die zur Familie der Hülsenfrüchtler gehören, besitzen z. B. charakteristische Schmetterlingsblüten (siehe gegenüber). Nicht näher miteinander verwandte Pflanzen können aber sehr ähnliche Blütenformen ausbilden, die man leicht verwechseln kann. Deshalb ist es wichtig, eine Reihe von Merkmalen zu betrachten, wie die Blätter und Blüten und die Oberfläche (wie z. B. eine Behaarung).

Aktinomorph
Eine Blüte, die radiärsymmetrisch ist, wie eine Tulpenblüte

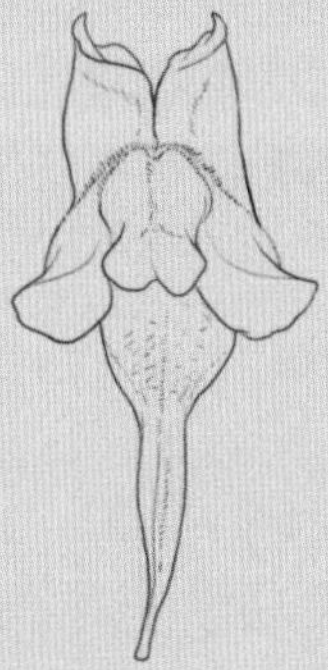

Zygomorph
Eine Blüte, die bilateralsymmetrisch ist, wie die Blüte des Leinkrauts

Glockenförmig
Die Kronblätter sind zu einer breiten Röhre verwachsen und die Lappen zurückgebogen; typisch für die Familie der Glockenblumengewächse (Campanulaceae)

Kreuzförmig
Eine Blüte mit vier kreuzförmig angeordneten Kronblättern; typisch für die Familie der Kreuzblütler (Brassicaceae)

Trichterförmig
Eine Blüte, bei der die Kronblätter miteinander verwachsen sind. Sie verbreitert sich von der Basis aus allmählich wie ein Trichter.

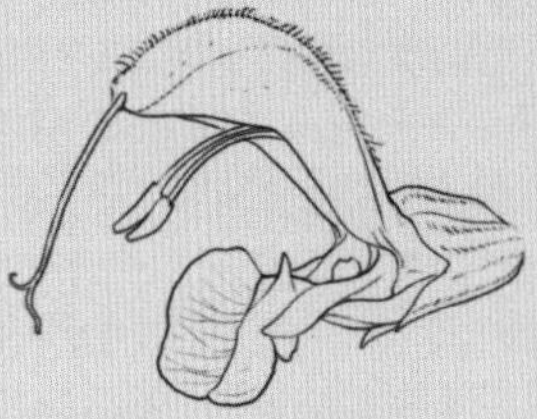

Lippenblüte
Eine Blüte, deren Kronblätter zu einer Ober- und einer Unterlippe verwachsen sind; typisch für die Familie der Lippenblütler (Lamiaceae)

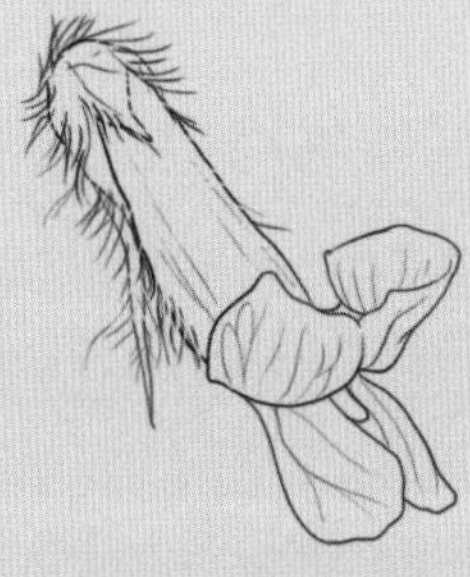

Schmetterlingsblüte
Eine Blüte mit einer »Fahne«, zwei seitlichen »Flügeln« und einem »Schiffchen« aus zwei verwachsenen Kronblättern; typisch für die Familie der Schmetterlingsblütler (Fabaceae)

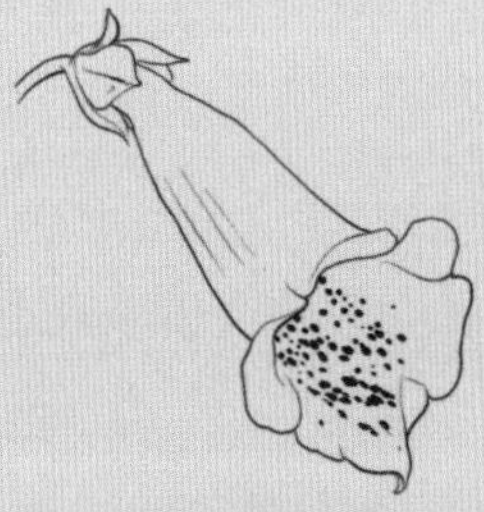

Röhrenförmig
Eine Blüte, deren Kronblätter zu einer engen Röhre verwachsen sind

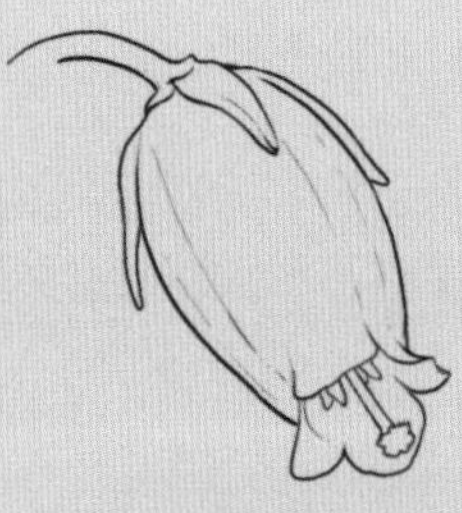

Urnenförmig
Eine Blüte, bei der die Kronblätter zu einer Röhre verwachsen sind, die vor der Öffnung verengt ist

Nicht nur die unterschied-lichen ***Blütenformen*** *sind zum* ***Bestimmen*** *wichtig, sondern man sollte auch* ***erkennen,*** *wie die Blüten im* ***Blütenstand*** *angeordnet sind.*

Verschiedene Blütenstände

Unten sind einige häufige Blütenstände abgebildet. Einige der Strukturen und Begriffe kann man kombinieren, wie z. B. die Doppeldolde oder die schirmförmige Zyme.

Wahrscheinlich erkennen Sie komplizierte Blütenstandsformen leichter, wenn Sie sich bereits mit den einfacheren Formen auseinandergesetzt haben.

Körbchen
Dicht stehende, ungestielte Blüten auf einem flachen Blütenboden, umgeben von einem Involucrum (Hüllkelch). Das Körbchen sieht aus wie eine einzige Blüte und ist typisch für die Familie der Korbblütler (Asteraceae).

Doppeldolde
Mehrere Dolden entspringen an einer Stelle und erreichen etwa dieselbe Höhe; typisch für die Familie der Doldenblütler (Apiaceae, siehe S. 96–99).

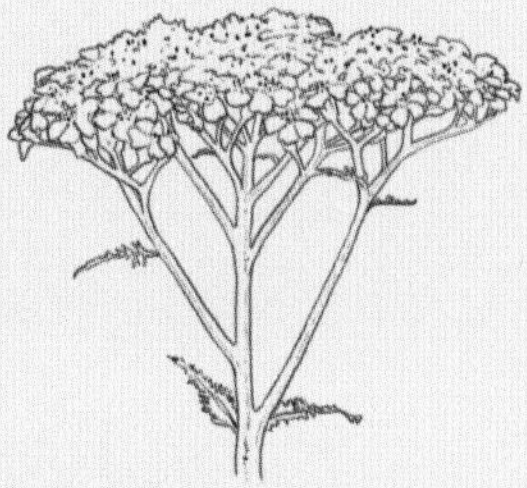

Schirmrispe
Ein Blütenstand, bei dem die unteren Stiele im Verhältnis länger sind als die oberen, sodass eine oben abgeflachte Rispe entsteht.

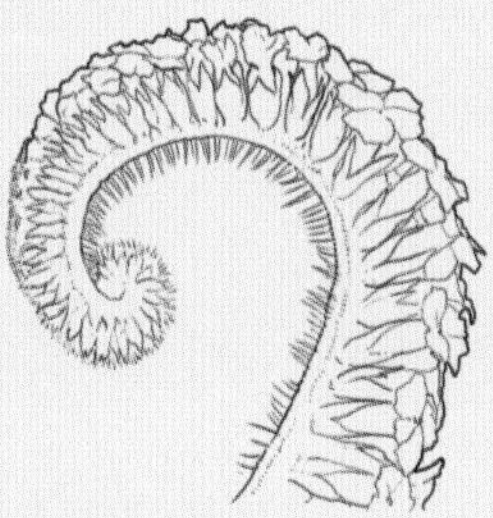

Zymöser Blütenstand
Ein Blütenstand, bei dem sich die Blüten im Zentrum oder die obersten Blüten zuerst öffnen und danach die weiter unten oder außen sitzenden. Es gibt verschiedene Typen; der oben abgebildete wird **Schraubel** genannt.

Dolde
Die Stiele der Blüten entspringen an einem gemeinsamen Punkt und die Struktur ist schirmartig. Das hier gezeigte Beispiel kann man auch als **schirmförmige Zyme** beschreiben.

Rispe
Ein vielfach verzweigter Blütenstand mit einer Hauptachse und vielen Seitenachsen, an denen zahlreiche Blüten sitzen.

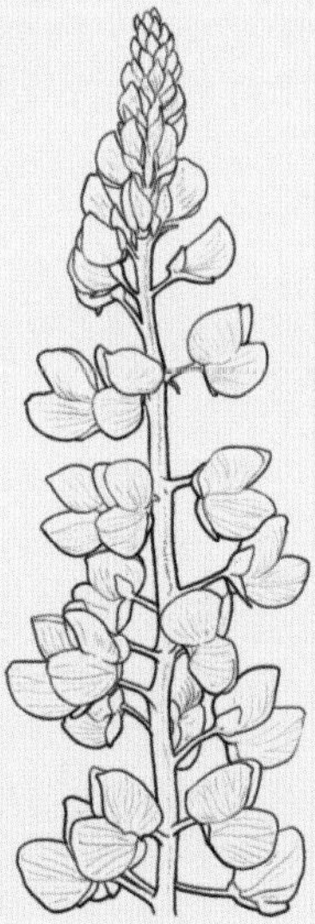

Traube
Ein unverzweigter Blütenstand, bei dem jede Blüte kurz gestielt ist. Die ältesten Blüten sitzen an der Basis.

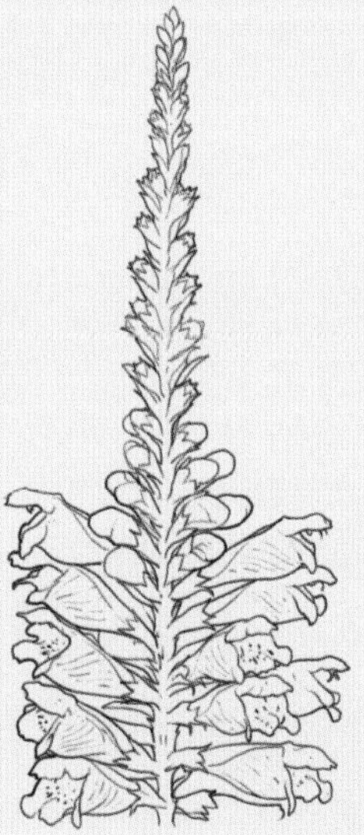

Ähre
Ein unverzweigter Blütenstand, bei dem die Blüten ungestielt sind. Die ältesten Blüten sitzen an der Basis.

Gräser sind keine allzu auffälligen Blütenpflanzen, aber was ihnen an Charisma fehlt, machen sie mit Vielfalt wett.

SÜSSGRÄSER BESTIMMEN

Folgende Merkmale sind wichtig, wenn Sie Süßgräser bestimmen wollen. Einige der Merkmale sind sehr klein, sodass eine Handlupe hilfreich ist.

1. STÄNGEL Die Stängel der Gräser bezeichnet man als Halme.
- **Blattspreite** Der ausgebreitete, distale Teil des Blattes.
- **Blattscheide** Der basale Teil des Blattes, der meistens ein Internodium (einen Knoten) einschließt.
- **Ligula** Eine Membran oder ein Saum aus Haaren an der Innenseite der Verbindung zwischen der Blattscheide und der Blattspreite.

2. BLÜTENSTÄNDE Die Blütenstände der Gräser bestehen aus kleinen Einheiten, die man als Ährchen bezeichnet.
- **Ährchen** Aus diesen Einheiten ist der Blütenstand bei Gräsern zusammengesetzt. Sie bestehen aus zwei Hüllspelzen (siehe unten) und einer oder mehreren Blüten.
- **Blüte** Eine Einheit eines Ährchens, die aus Deck- und Vorspelze (siehe unten) und den Fortpflanzungsorganen besteht, die diese Spelzen einschließen.

3. ÄHRCHEN
- **Vorspelze** Das obere, innere Hochblatt, das mit der Deckspelze das Ährchen einschließt; oft doppelt gekielt.
- **Deckspelze** Das untere der beiden Hochblätter, die das Ährchen einschließen.
- **Granne** Eine Borste, die manchmal lang und auffällig ist und an einer Spelze entspringt.
- **Hüllspelze** Eine der beiden Spelzen an der Basis des Ährchens.
- **Ährchenspindel** Der Stiel des Ährchens.

1. TEILE EINES GRASHALMS

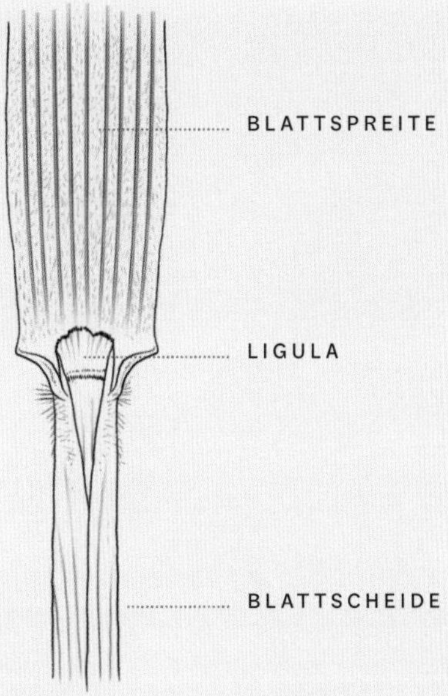

2. BLÜTENSTAND EINES GRASES

3. TEILE EINES ÄHRCHENS

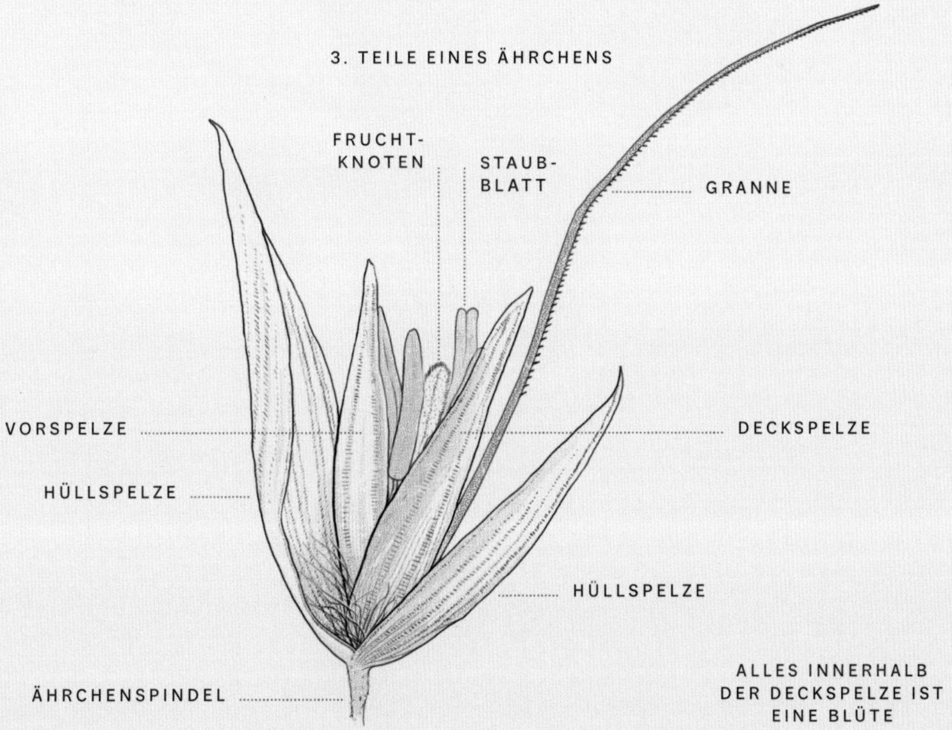

Ferula drudeana

VERWENDUNG

KAPITEL VIII

SCHON IMMER WAR das Leben der Menschen eng mit den Wildpflanzen verbunden. Die alten Zivilisationen waren auf Pflanzen angewiesen, und auch für uns sind sie lebenswichtig. Pflanzen geben uns außerdem wertvolle Anregungen für neue Technologien, die wir im täglichen Leben einsetzen, von selbstreinigender Farbe bis hin zum Klettverschluss.

Thymian (*Thymus* spp.)
Schon immer verwenden die Menschen im täglichen Leben Pflanzen. In alten Kräuterbüchern ist dokumentiert, wie man die Arten vor Jahrtausenden nutzte. Thymian war ein Küchenkraut und man glaubte außerdem, er würde Mut verleihen.

Menschen und Pflanzen entwickeln sich seit vielen Jahrtausenden gemeinsam, und die ersten Zivilisationen waren jeden Tag auf Wildpflanzen angewiesen.

PFLANZENHEILKUNDE

Schon immer waren Pflanzen für die Menschen überlebenswichtig. Alte Kulturen schrieben auf Schriftrollen oder in Büchern über die Pflanzenarten, die sie als Nahrungsmittel und Heilkräuter verwendeten und bildeten sie in ihren Grabanlagen und auf Tontafeln ab. In Mesopotamien erforschten die Sumerer nachweislich vor 5000 Jahren viele Kräuter und listeten Hunderte von Heilpflanzen auf Tontafeln auf (darunter Myrrhe und Opium).

Die ältesten umfassenden Pflanzenbücher stammen vom griechischen Philosophen Theophrastus von Eresos (371–287 v. Chr.), der Wildpflanzen beschrieb, die er kannte, und festhielt, wie sie in seiner Region verwendet wurden. In seinen Büchern ordnete er erstmals Pflanzen verschiedenen Gruppen zu, und diese Gruppen wurden in späteren Texten aufgegriffen. Plinius der Ältere (23–79 n. Chr.) ist der Autor eines naturkundlichen Werks, in dem zahlreiche Heilkräuter ausführlich besprochen werden. Dem folgte die Textsammlung »De Materia Medica« des Arzts und Botanikers Dioskurides (ca. 40–90 n. Chr.). Diese frühen Texte belegen, welche Bedeutung die Pflanzenheilkunde damals hatte.

ALTE HEILPFLANZEN:

- **Rosmarin (*Salvia rosmarinus*)** Aus dieser Pflanze band man im antiken Griechenland Kränze für Studenten, die die Konzentration fördern sollten.
- **Thymian (*Thymus* spp.)** Getränken und Nahrungsmitteln verlieh man mit Thymian Geschmack, und auch als Badezusatz wurde er verwendet.
- **Echter Salbei (*Salvia officinalis*)** Salbei war ein Symbol für Fruchtbarkeit, ein langes, gesundes Leben und Weisheit.
- **Gewöhnliches Tüpfel-Johanniskraut (*Hypericum perforatum*)** Man glaubte, dieses Johanniskraut würde böse Geister und Dämonen vertreiben.

Wildpflanzen werden seit Jahrtausenden in der traditionellen Kräuterheilkunde verwendet. Weil sich das Klima verändert, könnten einige Arten heute in größeren Mengen angepflanzt werden, um Nahrungsmittel für eine wachsende Bevölkerung bereitzustellen.

KÜNFTIGE LEBENSMITTEL?

Die Cistanchen (*Cistanche* spp.) sind in den sandigen Wüstengebieten im Nahen Osten, in Asien und Afrika weit verbreitet. Sie sind mit den Sommerwurzgewächsen (siehe S. 148–151) nah verwandt, und wie diese sind sie Parasiten, die keine Blätter und keinen grünen Blattfarbstoff (Chlorophyll) bilden.

Es sind etwa 30 Arten bekannt. Einige werden weltweit als Heilpflanzen gehandelt und andere sind seit langer Zeit bedeutende Nahrungsmittel, wie *Cistanche deserticola*. In der traditionellen chinesischen Kräuterheilkunde werden die fleischigen Stängel der Pflanzen »Rou Cong Rong« oder »Guan Hua Rou Cong Rong« genannt. In China nutzt man die Pflanze seit mehr als 2000 Jahren, und noch heute verabreicht man sie, weil sie die Gesundheit stärken, ein langes Leben verleihen sowie die körperliche Kraft und Potenz steigern soll.

LEBENSMITTEL DER ZUKUNFT Einige *Cistanche*-Arten kultiviert man heute in China in wirtschaftlich bedeutenden Mengen, um die Nachfrage nach traditionellen Heilkräutern zu erschwinglichen Preisen zu befriedigen. In jüngerer Zeit pflanzte man sie in »Schutzwäldern« aus trockenheitstoleranten Bäumen, die Erosion und Wüstenbildung aufhalten sollen – besorgniserregende Prozesse, die weltweit immer größere Probleme bereiten. Cistanchen könnten in trockenen Regionen als Nahrungsmittel angebaut werden, weil man sie nicht bewässern muss. In einer immer wärmer werdenden Welt könnten sie bedeutende neue Nutzpflanzen werden.

Wüstenpflanzen
Cistanchen wachsen in kargen Ebenen und Wüsten. Die blattlosen Pflanzen parasitieren an den Wurzeln von Wüstensträuchern. Tief im sandigen Boden sind sie mit ihnen verbunden.

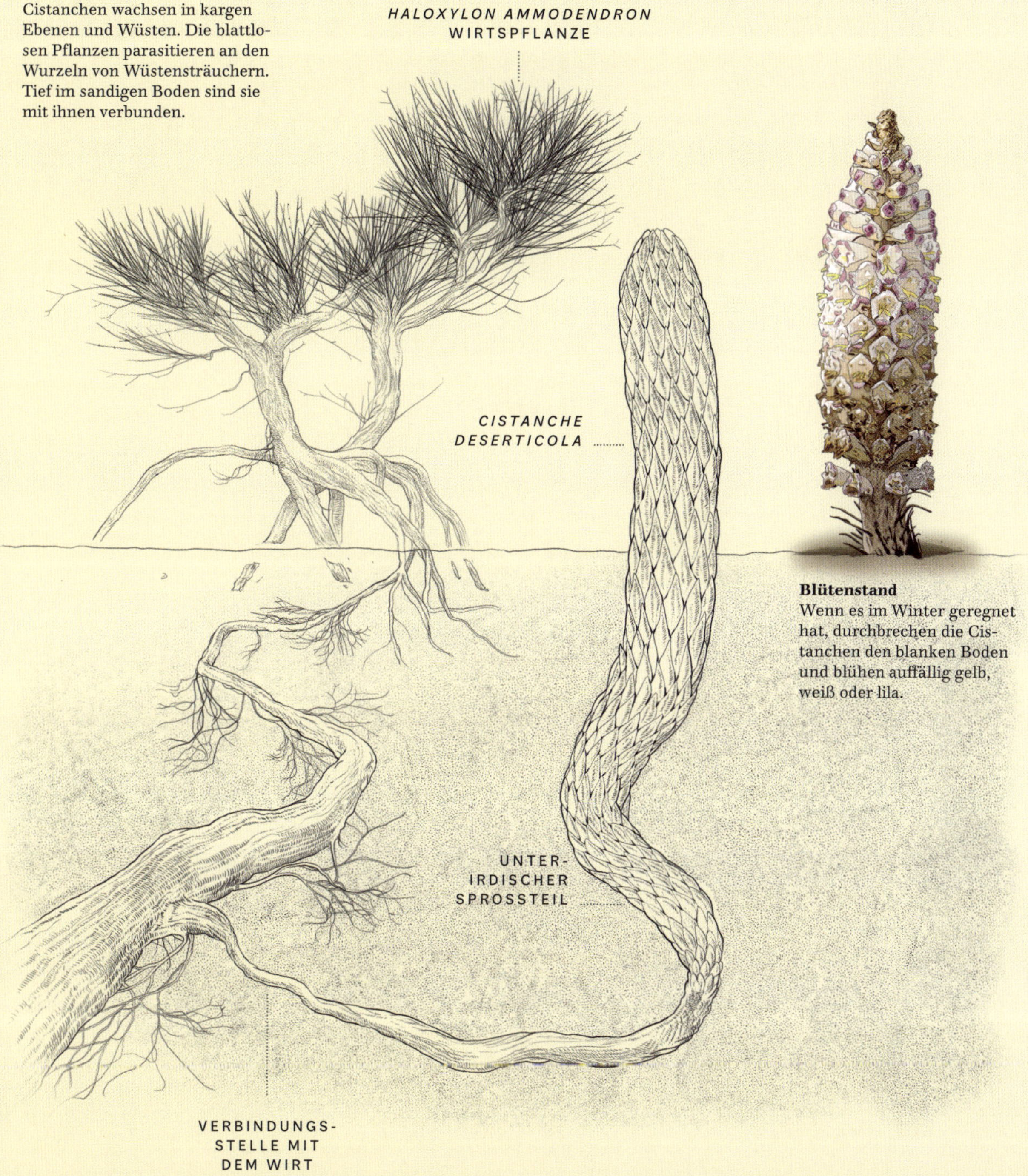

Blütenstand
Wenn es im Winter geregnet hat, durchbrechen die Cistanchen den blanken Boden und blühen auffällig gelb, weiß oder lila.

Im antiken Rom kannte man die Wildpflanzen genau. Für fast jede Krankheit gab es eine Heilpflanze, von Rheumatismus und Verdauungsbeschwerden bis hin zu Nervenschmerzen.

RÖMISCHE KRÄUTER

In den meisten Kulturen spielten Heil- und Küchenkräuter eine wichtige Rolle – in der Antike war es im Römischen Reich nicht anders. Bevor es Lebensmittelläden und Apotheken gab, waren die Menschen auf Wildkräuter angewiesen, die sie in der Küche verwendeten und als Heilmittel einsetzten.

- **Weinraute (*Ruta graveolens*)** Dieser Strauch hat blaugraue Blätter mit einem speziellen Geschmack, den die meisten Menschen heute nicht mehr mögen. Die Römer garnierten und würzten ihre Gerichte mit Weinraute, ähnlich wie wir heute Petersilie verwenden. Mit kleinen Mengen der Pflanze verlieh man wahrscheinlich verschiedensten Speisen und Getränken Geschmack.
- **Römische Kamille (*Chamaemelum nobile*)** Wegen ihrer ätherischen Öle wurde Kamille zur Reinigung und Behandlung infizierter Wunden verwendet. Die Kamillenarten gehören zu den ältesten Heilpflanzen. Noch heute bereitet man aus Echter Kamille (*Matricaria chamomilla*) den bekannten Kamillentee zu.
- **Knoblauch (*Allium sativum*)** Knoblauch war beim römischen Heer so beliebt, dass das europäische Straßennetz der römischen Legionen angeblich mit dem Verbreitungsgebiet der Pflanze übereinstimmt.
- **Silphium** Diese Pflanze gehört zur Familie der Doldenblütler (Apiaceae), aber es ist unklar, um welche Art es sich handelt. Man verwendete Silphium zur Empfängnisverhütung, als Gewürz und Allheilmittel. Vielleicht starb die Pflanze aus, weil man sie in der Natur erntete. In jüngerer Zeit wurde vorgeschlagen, dass es das aus der Türkei stammende Steckenkraut *Ferula drudeana* (siehe gegenüber) war, das die alten Griechen und Römer verwendeten.

GEHEIMNISVOLLE ORCHIDEEN

Die ungewöhnlichen Blüten der Orchideen faszinieren die Menschen seit alter Zeit und spielten bei Bräuchen und Ritualen eine Rolle, auch im Rom der Antike. Auf römischen Stuckdekorationen und Deckenmalereien wurden Orchideenblüten dargestellt, die offenbar ein Symbol für Fruchtbarkeit und Sexualität waren.

Ferula drudeana
Vielleicht handelt es sich bei dieser Art, die in der Türkei heimisch ist, um die Pflanze, die in der Antike »Silphium« genannt wurde. Die Griechen und Römer behandelten mit Silphium Krankheiten aller Art.

*In der **Antike** glaubte man, einige Pflanzen würden mit einer **»Signatur«** auf ihre **Heilwirkung** hinweisen.*

Als es die Naturwissenschaften noch nicht gab, existierte die Vorstellung, dass das Aussehen einer Pflanze auf ihre Heilwirkung hinweisen würde, was verheerende Folgen haben konnte.

DIE SIGNATURENLEHRE

Die Signaturenlehre geht zurück bis ins antike Griechenland. Nach dieser Lehre weist die Ähnlichkeit eines Pflanzenteils mit einem menschlichen Körperteil darauf hin, dass sie entsprechende Krankheiten heilen könne. Eine Pflanze, die roten Saft absondert, wurde demnach zur Heilung von Krankheiten eingesetzt, die mit dem Blut in Verbindung standen. In einigen Fällen war das gefährlich, denn es wurden auch giftige Pflanzen verwendet. Die Gewöhnliche Osterluzei beispielsweise (*Aristolochia clematitis*; siehe S. 32) verabreichte man schwangeren Frauen, weil ihre Blüten an eine Gebärmutter erinnern. Heute weiß man, dass die Pflanze giftig ist.

Folgende Wildpflanzen hatten nach der Signaturenlehre Heilwirkung:

- **Augentrost (*Euphrasia* spp.)** Mit den kleinen, halbparasitischen Augentrostarten, die an grasbewachsenen Standorten vorkommen, behandelte man Augenentzündungen.
- **Wald-Ziest (*Stachys sylvatica*)** Wunden wurden mit diesem Ziest und verwandten Arten versorgt, weil man glaubte, er würde die Wundheilung fördern.
- **Lebermoose (Marchantiophyta)** Diese Moose verabreichte man bei Erkrankungen der Leber, weil ihre Thalli leberähnlich geformt sind.
- **Streifenfarn (*Asplenium trichomanes*)** Auch die Fiedern der Wedel dieses kleinen Farns erinnern im Umriss an eine menschliche Leber. Man brachte ihn deshalb mit diesem Organ in Verbindung.
- **Lungenkraut (*Pulmonaria* spp.)** Weil die Blätter weiße Flecken tragen, erinnerten sie die Menschen an eine Lunge mit Geschwüren. Die Pflanze wurde bei Lungenkrankheiten eingesetzt, daher auch ihr Name.

Manche Pflanzen werden seit langer Zeit auf sehr spezielle und ungewöhnliche Weise eingesetzt.

MALTESER-SCHWAMM

Der Malteserschwamm (*Cynomorium coccineum*) ist eine parasitische Pflanze, die so gar nicht wie eine Pflanze aussieht. Sie besitzt weder Blätter noch Chlorophyll und bildet einen schwärzlichen, keuligen Blütenstand, an dem viele kleine Blüten sitzen. Die Art ist in Sanddünen und Wüstenregionen von den Kanarischen Inseln ostwärts bis nach China verbreitet und kommt sporadisch auch an Felsenkliffen und in Salzmarschen im Mittelmeerraum vor. Sie parasitiert an den Wurzeln von Sträuchern aus der Familie Amaranthaceae und im Frühling erscheinen ihre sonderbaren Blütenstände, die Fliegen anlocken.

Der Malteserschwamm hat eine lange und interessante Geschichte in der europäischen, arabischen und chinesischen Pflanzenheilkunde. Es gibt jahrhundertealte Berichte, dass die Art auf der maltesischen Insel Gozo und auf einem Felsen im Meer vor der Küste dieser Insel wächst. Im Mittelalter gab man ihr in dieser Region ihren Namen. Ritter schätzten die Pflanze damals sehr und bewaffnete Männer bewachten die Standorte. Der Malteserschwamm sondert einen rötlichen Saft ab, und vielleicht ist das der Grund, warum man glaubte, dass er Krankheiten heilen könne, die mit dem Blut in Verbindung stehen (siehe Signaturenlehre, S. 246–247). Auch Ruhr behandelte man mit ihr, und wegen ihres Aussehens galt sie zudem als Potenzmittel. Seit langer Zeit ist sie im Nahen Osten und in China eine traditionelle Heilpflanze.

DNA-Analysen ergaben, dass der Malteserschwamm trotz seines sehr ungewöhnlichen Aussehens entfernt mit den Mauerpfeffern und Fetthennen (siehe S. 203) verwandt ist.

Malteserschwamm
Diese parasitische Pflanze besitzt weder funktionsfähige Blätter noch Chlorophyll. Sie nimmt Nährstoffe aus den Wurzeln von Sträuchern auf, die in Wüsten und Salzmarschen wachsen. Ihrer seltsamen Form wegen interessierten sich Kräuterkundige bereits vor langer Zeit für sie und die Geschichte ihrer Verwendung als Heilpflanze ist sehr interessant.

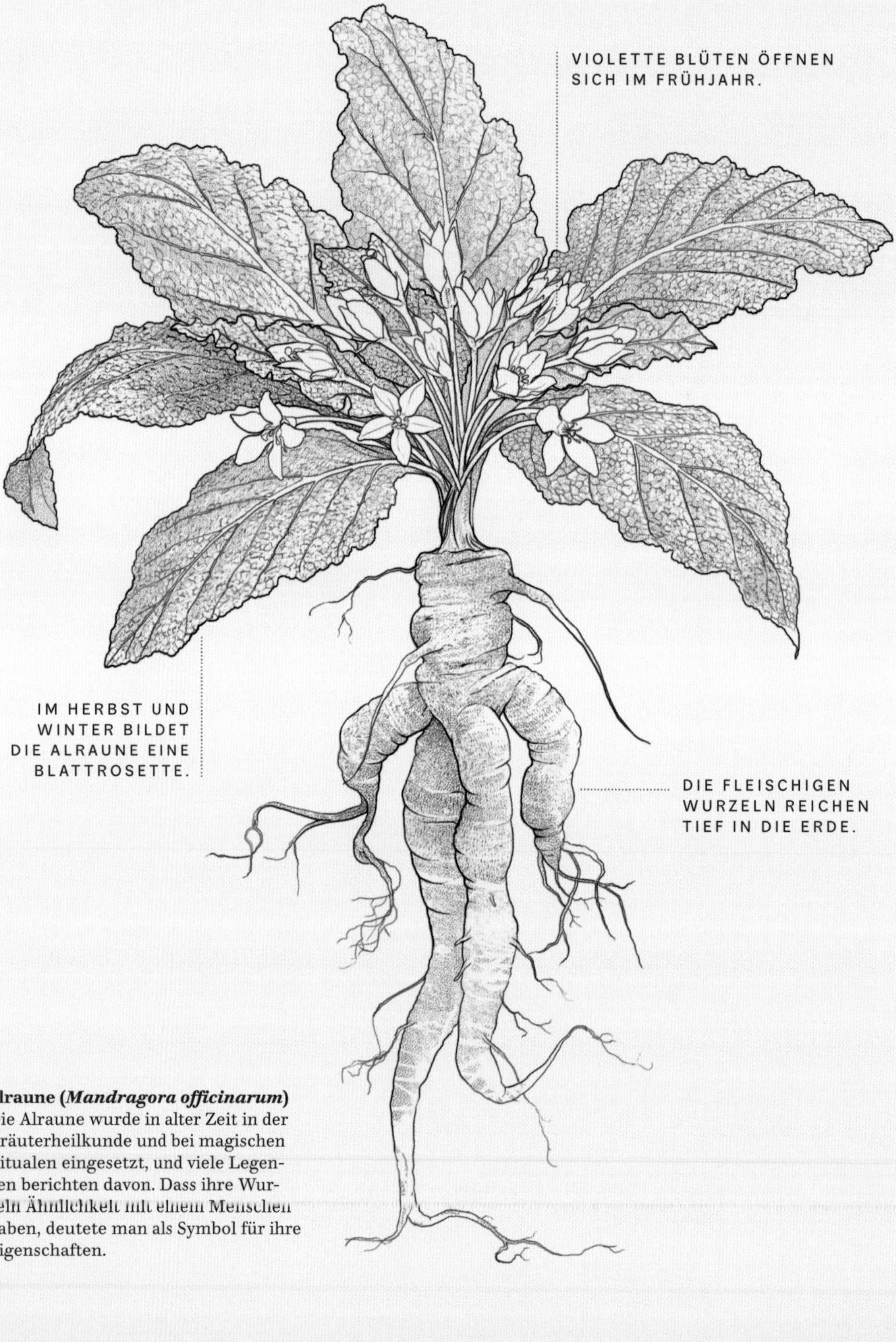

Alraune (*Mandragora officinarum*)
Die Alraune wurde in alter Zeit in der Kräuterheilkunde und bei magischen Ritualen eingesetzt, und viele Legenden berichten davon. Dass ihre Wurzeln Ähnlichkeit mit einem Menschen haben, deutete man als Symbol für ihre Eigenschaften.

Nur wenige Wildblumen spielen in der Kultur und Magie eine so wichtige Rolle wie die »schreiende« Alraune.

DIE MAGISCHE ALRAUNE

Die schreiende Alraune ist eine geheimnisvolle Pflanze, die auch in der Kinderromanreihe »Harry Potter« vorkommt. Lange Zeit verwendete man dieses legendenumwobene Gewächs bei Ritualen und als Zauberpflanze.

Die Gemeine Alraune (*Mandragora officinarum*) wächst im Mittelmeerraum und Teilen des Nahen Ostens. Sie gehört zur Familie der Nachtschattengewächse (Solanaceae; siehe S. 156–159) und bildet eine Blattrosette sowie violette Blüten aus. Die verzweigte, knorrige Wurzel erinnert an eine menschliche Gestalt, und diese Tatsache in Verbindung mit den pharmakologischen Eigenschaften der Alraune führte dazu, dass man sie seit alter Zeit mit Magie in Verbindung brachte. Man nutzte sie als Narkotikum und schlafförderndes Anästhetikum. Vor Jahrtausenden, als chirurgische Eingriffe mitunter brutal waren, war dies hilfreich. Auch als Aphrodisiakum verabreichte man die Alraune, die sehr begehrt war und in ganz Europa gehandelt wurde. Auch gefälschte Präparate aus anderen, ähnlichen Wurzeln waren auf dem Markt.

Kräuterkundige im antiken Griechenland berichteten, die Alraune würde schreien, wenn man sie samt Wurzeln aus der Erde reißt, und jeder Mensch, der ihre Schreie hört, müsse sterben. Als einzige sichere Weise, eine Alraune zu ernten, galt es, sie an einen Hund zu binden. Den Hund sollte man mit Fleisch anlocken, damit er die Pflanze aus dem Boden reißt. Dabei würde der Dämon, der in der Alraune lebt, in das Opfertier übergehen.

Bereits im antiken Griechenland und Rom, im alten China und bei indigenen Völkern in Nord- und Südamerika spielten Wildblumen bei vielen Bräuchen eine wichtige Rolle und kamen in Legenden und Erzählungen vor. In Europa hatten Blumen im Mittelalter besondere Bedeutung.

DIE SPRACHE DER BLUMEN

Wenn Menschen Pflanzen in ein neues Land brachten, bekamen sie oft eine neue Bedeutung und man verwendete sie auf neuartige Weise. In England wies man im Viktorianischen Zeitalter bestimmten Blumen eine symbolische Bedeutung zu, und es entwickelte sich eine »Sprache der Blumen«. Die Symbolik einiger Arten hat sich bis heute erhalten, so stehen etwa Rosen für Liebe und Leidenschaft. Viele Wildblumen werden auch in der Literatur erwähnt. In den Dramen Shakespeares spielen verschiedene Wildblumenarten eine Rolle, was die Affinität des Dramatikers zu Pflanzen widerspiegelt. Dies sind einige der Pflanzen, die große Bedeutung in der Kultur und Literatur hatten:

- **Kirschblüte** (japanisch *Sakura*) In Japan ein Symbol für den Beginn des Frühlings. Die rosa oder weißen Blüten der Kirschbäume symbolisieren die Vergänglichkeit der Schönheit.
- **Narzisse** Der wissenschaftliche Name *Narcissus* leitet sich vom schönen Jüngling Narziss ab, der sich in der griechischen Mythologie in sein eigenes Spiegelbild verliebt. In der viktorianischen »Sprache der Blumen« symbolisierte die Narzisse deshalb Eitelkeit. Diese Blumen sind auch ein Symbol für die Wiedergeburt und seit langer Zeit typische Osterblumen. Sie kommen in Shakespeares Schauspiel »Das Wintermärchen« vor und inspirierten später den Dichter William Wordsworth.
- **Rose** In der griechischen Mythologie spielen Rosen eine wichtige Rolle und auch für römische Feste fertigte man Girlanden aus Rosen an. In der islamischen Kultur soll die stark duftende Damaszenerrose dem Schweiß des Propheten Mohammed entsprungen sein.
- **Madonnen-Lilie (*Lilium candidum*)** mit ihren großen, weißen Blüten, die stark duften, ist seit alter Zeit ein Symbol für Reinheit. Im 14. Jahrhundert symbolisierten die Blüten die Unschuld der Gottesmutter Maria, und während der nächsten 500 Jahre bildete man sie auf vielen Mariendarstellungen ab.

Blütensymbolik
Rosen (gegenüber, oben) kommen in der römischen Mythologie häufig vor, während die Madonnen-Lilie (unten) Reinheit symbolisiert und auf vielen Gemälden abgebildet wurde, die die Verkündigung des Herrn zeigen.

Lawrence Alma-Tadema, *Die Rosen des Heliogabalus* (1888)

Leonardo da Vinci, *Die Verkündigung* (*ca.* 1472)

Naturstudie
Im Gemälde *Spring Spreads One Green Lap of Flowers* (1910) stellte John William Waterhouse die Narzissen und andere Wildblumen faszinierend realistisch dar.

Wildblumen sind seit Jahrhunderten beliebte Motive auf Gemälden. Sie symbolisieren religiöse und spirituelle Motive und stehen für die Schönheit der Natur.

WILDBLUMEN IN DER KUNST

Wildblumen kommen nicht nur in der Literatur vor, sondern sie inspirieren seit Jahrhunderten auch bildende Künstlerinnen und Künstler. Lilien, Rosen, Narzissen und viele andere Blumen wurden ihrer symbolischen Bedeutung wegen auf unzähligen Gemälden dargestellt.

Auf den Gemälden der Präraffaeliten sind viele Wildblumen zu sehen, denn Blüten spielten für ihre Themen eine wichtige Rolle und prägten ihren Stil. Die Präraffaeliten waren eine Vereinigung englischer Malerinnen und Maler und Dichter, die sich zur Mitte des 19. Jahrhunderts gründete. Die Gemälde sind bekannt für ihre Liebe zum Detail, die intensiven Farben und die komplexen Kompositionen. Wildblumen wurden sehr naturalistisch gemalt.

1851–1852 stellte John Everett Millais den Tod der Ophelia, einer Figur aus Shakespeares Werk, mit atemberaubender Genauigkeit dar. Angeblich waren die Kritiker seiner Zeit schockiert. Die welkenden Wildblumen im Gemälde symbolisieren Ophelias Sterben, und jede Pflanze ist deutlich zu erkennen: Weide, Brennnessel und Gänseblümchen symbolisieren Leid, Schmerz und Unschuld.

Das Gemälde *Echo und Narziss* (1903) von John William Waterhouse verbildlicht den Mythos von Echo und Narziss aus Ovids Metamorphosen. Neben der Nymphe Echo wachsen Sumpf-Schwertlilien (*Iris pseudacorus*) am Ufer. Eine Gelbe Teichrose (*Nuphar lutea*) ist im Wasser zu sehen, während weiße Narzissen (*Narcissus*) im Gras neben dem linken Fuß des Narziss blühen. Narzissen sind in mehreren Gemälden von Waterhouse dargestellt, auch in *Spring Spreads One Green Lap of Flowers* (1910; siehe gegenüber).

Schon immer spielten Wildpflanzen in der Kultur der Menschen eine wichtige Rolle. Ethnobotaniker erforschen, wie Pflanzen in verschiedenen indigenen Kulturen verwendet wurden und welche Bedeutung sie hatten.

ETHNOBOTANIK

Die Ethnobotanik ist sowohl eine Natur- wie auch eine Sozialwissenschaft, denn Ethnobotaniker erforschen Interaktionen von Menschen und Pflanzen, die von Religionen, der lokalen Kultur und dem soziopolitischen Kontext beeinflusst wurden.

Im 15. Jahrhundert, als die Europäer Kolonien in der ganzen Welt besetzten, begannen Naturforscher, ethnobotanisches Wissen zu sammeln. Sie waren vor allem auf der Suche nach neuen, für sie nützlichen Pflanzen. Noch heute erforscht man das traditionelle Wissen indigener Völker über Pflanzen, weil man auf der Suche nach neuen Arzneistoffen ist. Man bezeichnet dies als Bioprospektion. Von Biopiraterie spricht man, wenn das Wissen indigener Völker genutzt wird, ohne dass die Indigenen davon profitieren.

Dies sind einige ethnobotanisch bedeutsame Pflanzen:

- **Sonnenhut (*Echinacea*)** Neun Arten sind in Nordamerika heimisch, von denen drei als Heilpflanzen verwendet werden. Europäische Siedler wurden auf den Sonnenhut aufmerksam, weil indigene Völker ihn nutzten, um Krankheiten zu behandeln. Im 19. Jahrhundert stellten sie Präparate gegen Rheumatismus und andere Beschwerden her und handelten mit ihnen.
- **Zaubernuss (*Hamamelis*)** Indigene amerikanische Völker behandelten mit dieser Pflanze Erkrankungen der Augen und der Haut. Heute sind Extrakte, Salben und Cremes mit Inhaltsstoffen der Zaubernuss weltweit auf dem Markt.

SPRACHEN UND PFLANZEN

Forschende haben eine deutliche Korrelation zwischen der Vielfalt lokaler Sprachen und Gebieten mit hoher Biodiversität festgestellt. Viele dieser Sprachen und das Wissen der Einheimischen über die Pflanzenwelt der Region könnten wie die Pflanzen selbst für immer verloren gehen.

- **Pejote (*Lophophora williamsii*)** Der Name leitet sich vom aztekischen Wort für Seidenkokon ab und beschreibt das filzige Aussehen dieser kleinen, dornenlosen Kaktee, die psychoaktive Stoffe enthält. Seit langer Zeit wird sie bei Ritualen indigener mexikanischer Völker verwendet, die auf Praktiken präkolumbianischer Völker zurückgehen. In der Natur sind die Bestände stark bedroht, weil man die Kakteen illegal sammelt.
- **Affenbrotbaum (*Adansonia*)** Diese beeindruckenden Bäume wachsen im afrikanischen Busch. Sie haben flaschenförmige, enorm dicke Stämme und bringen große, cremeweiße Blüten hervor. Für einige afrikanische Völker sind die Affenbrotbäume die Wohnorte der Geister ihrer Ahnen. Noch heute haben die außergewöhnlichen Bäume für sie große Bedeutung.

Die Ethnobotanik ist eine ***moderne*** *Fachrichtung, aber Menschen nutzen die* ***Pflanzen*** *ihrer* ***Region*** *seit* ***jeher.***

Botanik und Alchemie waren einst nah verwandte Forschungsgebiete. Im Lauf der Jahrhunderte haben sich faszinierende abergläubische und magische Vorstellungen entwickelt, bei denen Pflanzen eine Rolle spielen.

WILDPFLANZEN UND MAGIE

Pflanzen galten in früherer Zeit als Geschenke der Götter, und in alten Zivilisationen nutzte man sie auf viele verschiedene Weisen. Einige Beispiele sind der Schierlingsbecher, mit dem Sokrates vergiftet wurde, die Olivenkränze, mit denen man die Sieger der Olympischen Spiele ehrte, die Lorbeerkränze, mit denen siegreiche römische Feldherren gekrönt wurden und das Schokoladengetränk der Azteken, das Macht und Potenz verleihen sollte.

Kräuterbücher sind wichtige Quellen für Historiker, die erforschen, wie Pflanzen genutzt wurden. Der englische Arzt und Botaniker John Gerard (1545–1612) dokumentierte in seinem *Herball* ein Wissen über Pflanzen, bei dem die magischen Vorstellungen des 16. Jahrhunderts eine große Rolle spielten. Er war Kurator eines Heilpflanzengartens, der zum Ärztekollegium in London gehörte und kultivierte auch Pflanzen, die in England zu seiner Zeit selten waren. Sein Kräuterbuch wurde im 17. Jahrhundert zu einem wichtigen Werk für die Gartenkultur, obwohl es zum größten Teil eine Übersetzung eines Kräuterbuchs ist, das der flämische Botaniker Rembert Dodoens 1554 in Latein verfasst hatte.

Hexen und Zauberheiler mussten sich ein großes Wissen über Pflanzen aneignen, um Krankheiten kurieren und mit den Geistern in Verbindung treten zu können. Bevor sich das wissenschaftliche Denken durchsetzte, gehörten magische Rituale zur Pflanzenheilkunde. Das Leben war damals hart und kurz, und Magie wurde eingesetzt, um unterschiedlichste Krankheiten zu behandeln. Oft gaben weise Frauen, die mit einheimischen Pflanzen heilten, ihr medizinisches Wissen und Rezepturen für Arzneien an die nächste Generation weiter.

Auf der anderen Seite gab es auch dunkle Magie, wie böse Flüche und Rituale, um anderen Menschen Schaden zuzufügen, und auch hier spielten Pflanzen eine wichtige Rolle. Man hängte z. B. Blasentang an speziellen Stellen auf, um die Harnwege einer missliebigen Person zu verhexen. Zauberstäbe aus dem Holz von Eibe, Weißdorn oder Eberesche konnten angeblich magische Kräfte lenken.

Die drei Hexen in William Shakespeares Tragödie *Macbeth* werfen u. a. in ihren Zauberkessel: das Auge eines Molchs, die Zehe eines Froschs und die Zunge eines Hundes. Der ursprüngliche englische Text kann eine Anspielung auf verschiedene Pflanzen sein.

Ein Hexenkraut
Das Gewöhnliche Greiskraut (*Senecio vulgaris*) ist ein häufiges Gartenunkraut. Früher glaubte man in England, es würde an Stellen wachsen, an denen eine Hexe gepinkelt hatte.

Unter Bionik versteht man das Übertragen biologischer Systeme, Strukturen und Prozesse auf die Technik und Technologie. Auf diesem Gebiet kann man viel von Wildpflanzen lernen.

BIONIK

Von der Konstruktion von Gebäuden bis hin zur Mikrofluidik (dem Verhalten von Flüssigkeiten auf kleinstem Raum, wie z. B. in Tintenstrahldruckern) waren verschiedene Lebewesen eine Inspiration, unter ihnen auch Pflanzen. Dies sind einige Beispiele aus den letzten Jahrhunderten:

- Joseph Paxton konstruierte im 19. Jahrhundert den Kristallpalast, der in London erbaut wurde, und dabei inspirierte ihn die Blattstruktur der Amazonas-Riesenseerose (*Victoria amazonica*). Später zeigten Forschende, dass diese Blätter sehr ökonomisch gebaut sind, denn sie bedecken mit einem Minimum an Biomasse eine große Oberfläche und können deshalb effizient Fotosynthese betreiben. Sie liefern Anregungen für die Konstruktion schwimmender Offshore-Solarmodule.
- Die Große Klette (*Arctium lappa*) ist eine europäische Wildblume, die an Ufern und in Wäldern wächst. Ihre Früchte heften sich in das Fell vorbeistreifender Tiere (und an die Kleidung von Menschen), um verbreitet zu werden. 1941 bemerkte ein Schweizer Ingenieur Kletten, die im Fell seines Hundes hafteten. Er betrachtete sie unter dem Mikroskop und sah, dass sie mit kleinen Häkchen besetzt sind, die sich in Haaren und Stoffen verhaken. Nach ihrem Vorbild entwarf er den Klettverschluss.
- Das Verhalten von Flüssigkeiten in technischen Geräten konnte optimiert werden, indem man die Oberflächen von Pflanzen untersuchte, wie wasserabweisende Lotosblätter (siehe S. 192). Anwendung findet dies z. B. in der Architektur, bei medizinischen Geräten und Haushaltsprodukten.
- Pflanzen können Anregung für das physikalische Verhalten von Oberflächen bieten. Wasserabweisende Oberflächen von Metall, Plastik oder Textilien sind selbstreinigend, wenn Verschmutzungen samt dem Wasser abperlen. Kannenpflanzen (*Nepenthes*; siehe S. 152–155) bilden einen Film aus kondensiertem Wasser, auf dem Insekten in die Falle rutschen. Sie waren das Vorbild für künstliche wasserabweisende Oberflächen.

Amazonas-Riesenseerose (*Victoria amazonica*)
Die Blattstruktur dieser bemerkenswerten Pflanze inspirierte Joseph Paxton, als er den Kristallpalast in London entwarf.

Botanische Illustrationen waren immer wichtig, um Wissen über Wildpflanzen festzuhalten und weiterzugeben. Viele der Illustrationen sind nicht nur schön, sondern dienen dazu, Pflanzenarten zu beschreiben und sind deshalb von großer wissenschaftlicher Bedeutung.

BOTANISCHE ILLUSTRATION

Illustrationen von Wildblumen findet man bereits in den ersten Kräuterbüchern, und meistens verdeutlichten sie die Heilwirkung einer Pflanze. Später, im 16. Jahrhundert, versah man gedruckte Bücher mit botanischen Illustrationen, die die wichtigen Merkmale der Pflanzen zeigen. Später illustrierten Pflanzenmalerinnen und -maler für Herbarien (Archive, in denen gepresste Pflanzenteile aufbewahrt werden; siehe S. 220–221). Viele der Abbildungen dienten dazu, neue Arten zu beschreiben und haben noch heute historische und wissenschaftliche Bedeutung. Noch immer werden botanische Illustrationen für Bücher oder wissenschaftliche Veröffentlichungen angefertigt, meist mit Stiften, Tusche oder Wasserfarben. Sie zeigen die kleinsten Merkmale einer Pflanze.

Einige historische Illustrationen von Lebewesen waren stark stilisiert, wie etwa die Werke des deutschen Zoologen Ernst Haeckel, dessen Darstellungen verschiedener Meerestiere berühmt sind. Andere Abbildungen sind naturgetreuer, wie z.B. die des österreichischen botanischen Zeichners Ferdinand Bauer, der im 18. Jahrhundert die *Flora Craeca* illustrierte, ein zehnbändiges Werk, in dem der englische Botaniker John Sibthorp die Pflanzenwelt Griechenlands dokumentierte. Bauers detaillierte Illustrationen waren bei Wissenschaftlern und Garteninteressierten sehr geschätzt, und die *Flora Graeca* gilt als eines der schönsten Florenwerke aller Zeiten.

DRUCKE UND STICHE

Frühe botanische Illustrationen wurden spiegelverkehrt vom Papier auf Holzblöcke übertragen, die geschnitten, eingefärbt und gedruckt werden konnten. Später fertigte man Kupferstiche an. Mit dieser Drucktechnik konnte man größere Bilder mit viel feineren Linien drucken, auf denen mehr Details zu erkennen waren.

Die Amazonas-Riesenseerose
Victoria Regia; or: Illustrations of the Royal Water-Lily, aus der Serie »Specimens Flowering at Syon and Kew«, mit Abbildungen von Sir William Jackson Hooker, 1851. Typisch für die traditionelle botanische Illustration ist, dass auf den farbigen Lithografien verschiedene Aspekte der Anatomie und des Lebenszyklus der Pflanzen dargestellt sind.

Dracula simia

WACHSEN

KAPITEL IX

IN EINER WELT, die sich immer schneller verändert, erkennen wir, wie wichtig die Biodiversität für die Erde und somit auch für uns ist. Wildpflanzen versorgen uns mit Luft zum Atmen. Sie bieten Lösungen für große Herausforderungen, von neuen Arzneistoffen bis hin zu einer sicheren Versorgung mit Lebensmitteln. Auch für unsere mentale Gesundheit und unser Wohlbefinden sind sie entscheidend.

Prärieklee
(*Dalea purpurea*)
Diese mehrjährige Art stammt aus den Prärien Nordamerikas. Die Blütenstände mit den rotvioletten Blüten locken viele Bestäuber an, wie Bienen und Schmetterlinge. Weil der Hülsenfrüchtler Luftstickstoff fixiert, ist er ideal, um eine Wiese aufzuwerten (siehe auch S. 186–187).

Kleiner Klappertopf (*Rhinanthus minor*)
Nachdem die gelben Blüten verblüht sind, klappern die hellbraunen, papierartigen Kelche im Wind, daher der deutsche Name der Pflanze. Die einjährige Art nimmt Nährstoffe aus den Wurzeln von Gräsern auf und verhindert, dass sie die Vegetation dominieren, sodass andere Wildblumen wachsen können (siehe auch S. 56–57).

Kornrade (*Agrostemma githago*)
Diese Art kam im 19. Jahrhundert in Getreidefeldern noch häufig vor, denn ihre Samen mischten sich unter die geernteten Getreidekörner und wurden deshalb unbeabsichtigt Jahr für Jahr wieder ausgesät. Die Kornrade wurde in den USA, Kanada, Australien und Neuseeland eingeschleppt. Als man begann, Herbizide auszubringen, wurde sie selten. Weil ihre Samen in verschiedenen neueren Wildblumenmischungen sind, sieht man sie heute wieder öfter.

Die meisten Wildblumenwiesen verschwanden im letzten Jahrhundert. Wenn man im Garten eine Wildblumenwiese anlegt, ist dies ein kleiner Beitrag, die Zerstörung vieler Lebensräume auszugleichen. Wildblumen locken viele Tiere an, weil sie ihnen Nahrung und Refugien bieten.

WILDBLUMEN IM GARTEN

Wildblumen kann man auf verschiedene Weisen im Garten ziehen. Man kann zum Beispiel Rasenstücke mit Wildblumen kaufen und auspflanzen oder Wildblumensamen in einen bereits bestehenden Rasen oder auf blanken Boden aussäen. So schaffen Sie eine bunte Blumenwiese. Auch in Lücken in Ihren Rabatten können Sie Wildblumen aussäen, und wenn Sie keinen Garten haben, lassen sich viele Wildpflanzen in Töpfen ziehen.

Überlegen Sie sich zuerst, ob Sie eine Wildblumenwiese mit ein- oder mehrjährigen Arten wollen. Einjährige Pflanzen (wie z. B. Mohn) schließen ihren Lebenszyklus innerhalb eines Jahres ab, und viele wachsen an gestörten Stellen, wie auf umgebrochenen Böden. Ausdauernde Arten (wie Margeriten) blühen jedes Jahr wieder und brauchen stabilere Bedingungen. Säen Sie die Samen nicht auf nährstoffreichen Böden aus und düngen Sie nicht, denn auf solchen Böden wachsen unerwünschte Kräuter und schnellwüchsige Gräser, die die meisten Wildblumen verdrängen. Wenn Sie eine Blumenwiese anlegen, schaffen Sie ein wunderschönes Stück Natur, das viele Wildtiere in den Garten lockt.

*Mit Rewilding-Projekten kann man die **Artenvielfalt** stark erhöhen. Auch **Stadtparks und Gärten** können zu **artenreichen** Gebieten werden, in denen wir uns **wohler fühlen.***

Unter Rewilding versteht man die großräumige Wiederherstellung von Ökosystemen und natürlichen Prozessen in einem ausgewählten Gebiet.

REWILDING

Weil Menschen jeden Lebensraum auf der Erde stark verändert haben, ist die Biodiversität heute weltweit stark bedroht, und zudem verändert sich das Klima rasch. Viele Wildpflanzenarten sind heute gefährdet. Wir müssen dringend neue Wege finden, um die Artenvielfalt zu bewahren.

Unter »Rewilding« versteht man, dass Gebiete, in denen die Natur zerstört oder stark verändert wurde, sich wieder zu natürlicheren Landschaften entwickeln können. Zu Anfang wollte man mit diesem Konzept v. a. große Gebiete und Raubtiere schützen. Heute sind die Rewilding-Projekte umfassender und prozessorientierter und haben zum Ziel, Ökosysteme wiederherzustellen.

Anders als bei herkömmlicheren Naturschutzmaßnahmen sollen sich im Rahmen von Rewilding-Projekten die Ökosysteme mit minimalen Eingriffen des Menschen selbst erholen. Trotzdem muss oft eingegriffen werden. Man bringt beispielsweise große Pflanzenfresser (wie Pferde oder Kühe) auf die Fläche, die sich frei bewegen und Störungen (offene Bodenstellen) schaffen, an die viele Wildblumenarten angepasst sind. Wenn nicht immer wieder Boden von Tieren freigescharrt wird, werden die meisten kleineren Blütenpflanzen recht bald von Gräsern, Sträuchern und Bäumen verdrängt.

Rewilding im großen Maßstab wird meistens von Organisationen in Zusammenarbeit mit Landbesitzern durchgeführt. Oft muss man zunächst aktive Maßnahmen durchführen und z. B. dem Boden Nährstoffe entziehen oder konkurrenzstarke Pflanzen unter Kontrolle bringen. Wildblumen spielen eine entscheidende Rolle beim Rewilding, denn wo sie wachsen, finden sich viele Tiere ein.

WALDÖKOSYSTEME In Gebieten, in denen es seit langer Zeit keine Wälder mehr gibt, sollen im Rahmen von Rewilding-Projekten Waldökosysteme geschaffen werden. Man muss Bäume pflanzen, oft auf großen Flächen, um Bodendegradation zu verhindern und den Einfluss des Klimawandels abzumildern.

Wir leben in einer Welt, die sich sehr schnell verändert. Die Bedeutung der Pflanzen und der Biodiversität wird immer offensichtlicher, und auch für unsere psychische Gesundheit und unser Wohlbefinden brauchen wir die Wildpflanzen.

WACHSEN UND BLÜHEN

Wir entdecken heute wieder, dass wir die Biodiversität - und damit auch die Wildblumen - fördern können, wo sie verloren gegangen ist, und dass eine vielfältige, intakte Natur einen großen Einfluss auf unsere seelische Gesundheit hat. Zahlreiche wissenschaftliche Studien belegen, dass die Natur für unser Wohlbefinden entscheidend ist. Wenn man Zeit in der Natur verbringt, sich mit ihr beschäftigt und sich mit ihr verbunden fühlt, wirkt sich das sehr positiv aus. Landschaftsarchitektinnen und Stadtplaner achten heute wieder mehr darauf, auch Wildblumen und anderen Pflanzen Raum zu geben, denn sie wissen um ihre positive Wirkung auf uns.

PFLANZEN WIEDER WAHRNEHMEN Unser gesamtes Leben hängt von Pflanzen ab, doch für viele von uns sind sie unsichtbar, ein Phänomen, das als »Pflanzenblindheit« bezeichnet wird. Unsere Art, der *Homo sapiens*, hat sich entwickelt, während er andere Tiere jagte oder vor ihnen floh. Pflanzen hingegen fallen uns oft nicht auf. Sie sind nur eine grüne Kulisse, vor der sich unser Leben abspielt. Selbst in Dokumentarfilmen über die Tierwelt sind Pflanzen häufig einfach nur der Hintergrund. Weltweit sind zwei von fünf Wildblumenarten vom Aussterben bedroht, obwohl Pflanzen viele Lösungen für die globalen Herausforderungen bieten können. Deshalb ist es sehr wichtig, dass wir sie wahrnehmen und schützen.

Wenn man Menschen mit erstaunlichen und ungewöhnlichen Arten wie z.B. den beiden auf der gegenüberliegenden Seite überrascht, bringt man sie oft dazu, die Pflanzen wieder bewusst wahrzunehmen.

ZIMMERPFLANZEN

Seit der Antike werden Pflanzen in Töpfen kultiviert, und noch heute sind Zimmerpflanzen sehr beliebt. Es ist wissenschaftlich erwiesen, dass sie die Luftqualität verbessern. Wenn man die Natur in die eigenen vier Wände bringt, trägt das dazu bei, ein gesundes Wohnumfeld zu schaffen.

Darwins Pantoffelblume (*Calceolaria uniflora*)
Diese fantastische Pflanze trägt den Spitznamen »glücklicher Alien« und ist auf Feuerland heimisch, einer Inselgruppe vor der Südspitze Südamerikas. Ihre eigenartigen Blüten werden von Vögeln bestäubt.

Affen-Orchidee (*Dracula simia*)
Was sehen Sie, wenn Sie diese Blüten betrachten? Es gibt keinen biologischen Grund, weshalb diese Orchideenblüten Affengesichtern ähneln, aber wir Menschen haben uns im Lauf der Evolution so entwickelt, dass wir Tiere in unserer Umgebung sehen – auch wenn es sich gar nicht um echte Tiere handelt.

QUELLEN

S. 16–17 The Rise of Plants Sauquet, Hervé, et al. (2017). *The Ancestral Flower of Angiosperms and its Early Diversification.* Nature Communications 8, www.nature.com/articles/ncomms16047

S. 20–21 Wild Water Weeds Prestianni, Cyrille, and Robert W. Gess (2019). *Rinistachya hilleri gen. et sp. nov. (Sphenophyllales), from the Upper Devonian of South Africa.* Organisms Diversity & Evolution 19: 1–11, https://link.springer.com/article/10.1007/s13127-018-0385-3

S. 72–73 Darwin's Orchids Darwin, Charles R. (1862). *On the Various Contrivances by Which British and Foreign Orchids are Fertilised by Insects, and on the Good Effects of Intercrossing.* London: John Murray

S. 76–77 Nectar Cheats Ehlers, B. K., and J. M. Olesen (1997). *The Fruit-Wasp Route to Toxic Nectar in Epipactis Orchids* Flora 192/3: 223–229

S. 90–91 Trappings and Droppings Chin, Lijin, Jonathan A. Moran, and Charles Clarke (2010). *Trap Geometry in Three Giant Montane Pitcher Plant Species from Borneo is a Function of Tree Shrew Body Size.* New Phytologist 186/2 (April): 461–70, https://nph.onlinelibrary.wiley.com/doi/10.1111/j.1469-8137.2009.03166.x

S. 160–163 Fairy Lanterns Siti-Munirah, Mat Yunoh, Nikong Dome, and Chris Thorogood (2021). *Thismia sitimeriamiae (Thismiaceae), an Extraordinary New Species from Terengganu, Peninsular Malaysia.* PhytoKeys 179: 75–89, https://phytokeys.pensoft.net/article/68300

Sochor, Michal, et al. (2018). *Recovery of Thismia neptunis (Thismiaceae) after 151 Years.* Phytotaxa 340/1 (February), https://doi.org/10.11646/phytotaxa.340.1.5

S. 206–207 Life on the Rails Harris, S. A. (2002). *Introduction of Oxford Ragwort, Senecio squalidus L. (Asteraceae), to the United Kingdom.* Watsonia 24: 31–43, http://archive.bsbi.org.uk/Wats24p31.pdf

S. 218–219 Threatened Species Begum, Shabana (2022). *Scientists Swim across Muddy River Monthly to Confirm Existence of New Peat Tree Species.* Straits Times, 30 November, www.straitstimes.com/singapore/scientists-swim-across-muddy-river-monthly-to-confirm-existence-of-new-peat-tree-species

Swanepoel, Wessel, et al. (2020). *From the Frying Pan: An Unusual Dwarf Shrub from Namibia Turns Out to Be a New Brassicalean Family.* Phytotaxa 439/3: 171–185, www.doi.org/10.11646/phytotaxa.439.3.1

Tobias, Adriane B., Chris J. Thorogood, and Pastor L. Malabrigo Jr. (2023). *The Reinstatement of Rafflesia banaoana (Rafflesiaceae), and Implications for Assessing Species Diversity and Conservation Requirements of the World's Largest Flowers.* Phytotaxa 612/2, https://phytotaxa.mapress.com/pt/article/view/phytotaxa.612.2.5

Zubov, Dimitri, Anna Trias Blasi, and Ruslan Mishustin (2022). *Sternbergia mishustinii (Amaryllidaceae): A New Species from the Mersin Province in Southern Turkey.* Kew Bulletin 77: 317–323, https://link.springer.com/article/10.1007/s12225-022-10013-8

S. 244–245 Roman Herbs Andrews, Alfred C. (1948). *The Use of Rue as a Spice by the Greeks and Romans.* Classical Journal 43/6 (March): 371–373, www.jstor.org/stable/3293587

Briggs, Lisa, and Jens Jakobsson (2022). *Searching for Silphium: An Updated Review.* Heritage 5/2: 936–955, www.doi.org/10.3390/heritage5020051

Davies, R. W. (1970). *Some Roman Medicine.* Medical History 14/1 (January): 101–106, www.doi.org/10.1017/S0025727300015192

Kumbaric, Alma, Valentina Savo, and Giulia Caneva (2013). *Orchids in the Roman Culture and Iconography: Evidence for the First Representations in Antiquity.* Journal of Cultural Heritage, 14/4 (July–August): 311–316, www.doi.org/10.1016/j.culher.2012.09.002

Tosun, Fatma, et al. (2023). *Biological Activities of the Fruit Essential Oil, Fruit, and Root Extracts of Ferula drudeana Korovin, the Putative Anatolian Ecotype of the Silphion Plant.* Plants 12/4: 830, www.doi.org/10.3390/plants12040830

S. 252–253 The Language of Flowers Dobbs, Liz (2022). *The Secret Language of Flowers: The Historical Symbolism and Spiritual Properties of Flowers Throughout Time* (DK Secret Histories). London: DK

S. 254–255 Wildflowers in Art Mancoff, Debra N. (2003). *Flora symbolica: Flowers in Pre-Raphaelite Art.* Munich, London, and New York: Prestel

S. 256–257 Ethnobotany Edwards, Sarah E. (2023). *The Ethnobotanical.* London: Kew Publishing

S. 258–259 Wildflowers and Magic Lawrence, Sandra (2020). *Witch's Garden.* London: Kew Publishing

S. 260–261 Biomimetics Box, Finn, Chris Thorogood, and Jian Hui Guan (2019). *Guided Droplet Transport on Synthetic Slippery Surfaces Inspired by a Pitcher Plant.* Journal of the Royal Society Interface 16/158 (September), www.royalsocietypublishing.org/doi/10.1098/rsif.2019.0323

Box, Finn, et al. (2022). *Gigantic Floating Leaves Occupy a Large Surface Area at an Economical Material Cost.* Science Advances 8/6 (February), www.science.org/doi/10.1126/sciadv.abg3790

Sánchez-Galván, Gloria, Francisco J. Mercado, and Eugenia J. Olguín (2013). *Leaves and Roots of Pistia stratiotes as Sorbent Materials for the Removal of Crude Oil from Saline Solutions.* Water, Air, & Soil Pollution 224 (10 January), https://link.springer.com/article/10.1007/s11270-012-1421-0

S. 262–263 Botanical Illustration Simblet, Sarah (2021). *Botanik für Künstler: Pflanzen zeichnen und malen.* München: DK

WEITERE LITERATUR & QUELLEN

Allgemeine Literatur

Antonelli, Alexandre, *The Hidden Universe: Adventures in Biodiversity*, Chicago: University of Chicago Press/London: Witness Books, 2022

Drori, Jonathan, *In 80 Pflanzen um die Welt.* London: Laurence King, 2021

Harris, Stephen A., *Roots to Seeds: 400 Years of Oxford Botany.* Oxford: Bodleian Library, 2021

Mabey, Richard, *The Cabaret of Plants: Botany and the Imagination.* New York: W. W. Norton, 2015

Stafford, Fiona, *The Long, Long Life of Trees.* New Haven, CT, and London: Yale University Press, 2016

Thorogood, Chris, *When Plants Took Over the Planet: The Amazing Story of Plant Evolution.* London: Quarto Publishing, 2021

Pflanzenführer für bestimmte Regionen

Brandenburg, David M., *National Wildlife Federation Field Guide to Wildflowers of North America.* New York: Union Square & Co., 2012

Niering, William A., *National Audubon Society Field Guide to North American Wildflowers: Eastern Region.* New York: Knopf Doubleday Publishing Group, 2001

——, *National Audubon Society Field Guide to North American Wildflowers: Western Region.* Knopf Doubleday Publishing Group, 2001

Stace, Clive, *New Flora of the British Isles.* Middlewood Green, Suffolk: C&M Floristics, 2021

——, *Concise Flora of the British Isles.* Middlewood Green, Suffilk: C&M Floristics, 2022

Thorogood, Chris, *Field Guide to the Wild Flowers of the Eastern Mediterranean.* London: Kew Publishing, 2019

——, *Field Guide to the Wild Flowers of the Western Mediterranean.* 2nd edn, Kew Publishing, 2021

Online-Quellen

Alpine Garden Society (UK): www.alpinegardensociety.net

American Fern Society: www.amerfernsoc.org

American Horticultural Society: www.ahsgardening.org

American Orchid Society: www.aos.org

Association for the Taxonomic Study of the Flora of Tropical Africa: https://aetfat.ug.edu.gh/

Australasian Plant Society: www.anzplantsoc.org.uk

Botanic Gardens Conservation International: www.bgci.org

Botanical Society of America: www.botany.org

Botanical Society of Britain & Ireland: www.bsbi.org

Botanical Society of South Africa: www.botanicalsociety.org.za

British Bryological Society: www.britishbryologicalsociety.org.uk

Canadian Botanical Association: www.cba-abc.ca

The Carnivorous Plant Society: www.thecps.org.uk

Field Studies Council (UK): www.field-studies-council.org

German Society for Plant Sciences: www.deutsche-botanische-gesellschaft.de

International Carnivorous Plant Society (US): www.carnivorousplants.org

International Parasitic Plant Society: www.parasiticplants.org

The Orchid Society of Great Britain: www.osgb.org.uk

Plant Heritage (UK): www.plantheritage.org.uk

Plant Network (UK and Ireland): www.plantnetwork.org

Plants of the World Online (Royal Botanic Gardens, Kew): https://powo.science.kew.org

Royal Horticultural Society (UK): www.rhs.org.uk

Société botanique de France: https://societebotaniquedefrance.fr

GLOSSAR

aktinomorph radiärsymmetrisch; vergleiche **zygomorph**

Androeceum Die männlichen Geschlechtsorgane einer Blüte; vergleiche **Gynoeceum**

Angiosperme Eine Blütenpflanze

Art Die grundlegende **taxonomische** Einheit; alle Mitglieder einer Art haben denselben wissenschaftlichen Namen.

Bestäubung Der Prozess, bei dem Pollenkörner aus den männlichen Staubblättern auf eine weibliche Narbe übertragen werden, sodass eine Befruchtung stattfinden kann.

Biodiversität Die Vielfalt aller **Arten**, **Gattungen** und **Ökosysteme**

Blütenhülle Der **Kelch** und die **Krone**

Blütenkörbchen In diesem Blütenstand sind viele Blüten zusammengefasst; er ist typisch für die Familie der Korbblütler (Asteraceae).

Blütenstand Bei vielen Pflanzenarten sind die Blüten zu charakteristischen Gruppierungen zusammengefasst.

Cyanobakterien Diese Bakterien waren die ersten uns bekannten Lebewesen, die Fotosynthese betrieben. Dabei wurde Sauerstoff in die Atmosphäre freigesetzt.

Dolde Ein Blütenstand, bei dem kurz gestielte Blüten an einem einzigen Punkt entspringen.

einhäusig Eine Art, bei der die männlichen und weiblichen Blüten an derselben Pflanze stehen; vergleiche **zweihäusig**

einjährige Pflanze Eine Pflanze, die ihren Lebenszyklus in einem einzigen Jahr abschließt.

endemisch Eine Pflanze, die nur in einer einzigen begrenzten Region vorkommt

Epiphyt Auch Aufsitzerpflanze; eine Pflanze, die auf dem Ast eines Baums wächst und Feuchtigkeit und Nährstoffe aus dem Regen, Nebel oder dem Wasser aufnimmt, das an der Baumrinde herabrinnt.

Form Eine taxonomische Kategorie unterhalb der **Art** oder **Sorte**

Fotosynthese Der Prozess, bei dem grüne Pflanzen mit der Energie des Sonnenlichts und Kohlendioxid Nähr- und Baustoffe bilden, sodass sie wachsen und sich vermehren können.

Fremdbestäubung Wenn auf die Narbe einer Blüte der Pollen einer anderen Pflanze gelangt. Bei vielen Arten können sich nur dann Früchte mit Samen entwickeln, wenn sie fremdbestäubt wurden.

Fruchtblatt Ein Blütenorgan, in dem sich bei Blütenpflanzen die Samenanlagen befinden.

Gattung Ein **taxonomischer** Begriff, der in der Biologie verwendet wird; Organismen der gleichen Gattung stammen von einem gemeinsamen Vorfahren ab. Alle Pflanzen, also auch die Wildpflanzen, tragen zweiteilige wissenschaftliche Namen: Der erste Teil ist der Name der Gattung und der zweite Teil der Name der Art, z. B. *Bellis perennis* (Gänseblümchen) oder *Epipogium aphyllum* (Blattloser Widerbart).

Gefäßpflanze Eine Pflanze, die spezialisierte Gewebe besitzt, in denen Wasser und Nährstoffe transportiert werden.

Geophyt Eine Pflanze, die unterirdische Speicherorgane **(Zwiebeln, Knollen** oder **Rhizome)** ausbildet, um eine Ruhephase zu überdauern.

Gymnospermen Eine alte Gruppe der Samenpflanzen, die keine Blüten bilden. Zur Gruppe gehören die Nadelbäume und Palmfarne.

Gynoeceum Die Gesamtheit der weiblichen Geschlechtsorgane in einer Blüte; vergleiche **Androeceum**

Herbarium Eine Sammlung konservierter (meist gepresster) Pflanzen bzw. Pflanzenteile, die mit wissenschaftlichen Informationen versehen wurde.

Hochblatt Ein umgebildetes (oft reduziertes) Blatt, das meistens zu einem **Blütenstand** gehört.

Hülsenfrüchtler Erbsen, Bohnen und ihre Verwandten gehören zu dieser Familie, deren Mitglieder typische Hülsenfrüchte bilden. Früher nannte man sie Leguminosen.

invasiv Eine Art, die sich in einer fremden Region ausbreitet und auf einheimische **Arten**, die **Ökosysteme**, die **Biodiversität** und manchmal die Menschen negative Auswirkungen hat.

Kelch Der unterste Blattkreis einer Blüte, der aus den Kelchblättern **(Sepalen)** besteht.

Knolle Ein umgebildeter Teil des Stängels oder der Wurzel. Dieser Teil dient als unterirdisches Speicherorgan.

Kolben Ein hoher, schmaler, walzenförmiger Blüten- oder auch Fruchtstand, der typisch für die Familie der Aronstabgewächse (Araceae) ist. Ein bekanntes Beispiel ist der Mais.

Kräuterbuch In diesen teils sehr alten Büchern finden sich die Namen und Beschreibungen von Pflanzen und meist Informationen über ihre Verwendung.

Krone Der Blattkreis aus Kronblättern, der sich über dem Kreis aus **Sepalen (Kelch)** befindet.

Liane Eine (meist verholzende) Pflanze, die im Boden verwurzelt ist und an einer anderen Pflanze oder Struktur emporklettert.

Lithophyt Eine Pflanze, die daran angepasst ist, auf oder in Gestein zu wachsen.

mehrjährige Pflanze Auch ausdauernde Pflanze; eine Art, die mehrere Jahre braucht, um ihren Lebenszyklus abzuschließen. Die meisten mehrjährigen Pflanzen blühen jedes Jahr. Mehrjährige werden unterschiedlich alt.

Morphologie Die Struktur und Form (Anatomie) der Pflanzen

Ökosystem Eine biologische Gemeinschaft oder ein Netzwerk, bei dem viele unterschiedliche Arten und ihre Umwelt auf komplexe Weise miteinander interagieren.

Ranke Eine fadenartige Struktur (z. B. an einem Stängel oder Blatt), die die Pflanze einsetzt, um zu klettern.

Rhizom Ein kriechender unterirdischer Spross, der ähnlich aussieht wie eine Wurzel.

Schlüsselart Eine Art, die einen besonders großen Einfluss auf das Ökosystem hat, in dem sie vorkommt.

Sepale Auch Kelchblatt; eine blattartige Struktur, die eine Blüte schützt; der **Kelch** besteht aus Sepalen.

Sorte Eine taxonomische Kategorie für eine Pflanze, die durch selektive Zucht entstanden ist.

Spatha Ein vergrößertes **Hochblatt**, das bei einigen Familien (z. B. den Araceae) den **Blütenstand** einschließt.

Spore Eine einzellige Fortpflanzungseinheit, die oft vom Wind verbreitet wird.

Sukkulente Eine fleischige Pflanze, die Wasser speichert (z. B. in den Blättern oder Sprossen), um bei trockenen Bedingungen wachsen zu können.

Symbiose Wenn verschiedene Lebensformen zusammenleben und beide einen Vorteil davon haben (z. B. Ameisen, die Ameisenpflanzen besiedeln).

Taxonomie Die Wissenschaft von der Beschreibung und Benennung der Lebewesen. Nah verwandte Organismen werden zu Gruppen zusammengefasst.

Trichom Ein Pflanzenhaar. Trichome können z. B. an einer Blüte oder einem Blatt sitzen.

zweigeschlechtlich Solche Blüten haben sowohl männliche wie auch weibliche Blütenteile.

zweihäusig Eine Art, bei der die männlichen und weiblichen Blüten an verschiedenen Pflanzen erscheinen; vergleiche **einhäusig.**

zweijährige Pflanze Eine Pflanze, die ihren Lebenszyklus innerhalb von zwei Jahren abschließt.

Zwiebel Ein unterirdischer Teil des Sprosses, der von Schichten aus fleischigen Blättern umgeben ist.

zygomorph bilateralsymmetrisch; vergleiche **aktinomorph**

zymöser Blütenstand Ein **Blütenstand**, bei dem sich die Blüte im Zentrum oder ganz oben zuerst öffnet. Später öffnen sich die weiter unten oder am Rand gelegenen Blüten.

REGISTER

A

Achäne 49
Acker-Schachtelhalm 26, 27
adaptive Radiation 180
Adventivwurzeln 43
Affenbrotbaum 68, 69, 257
Affen-Knabenkraut 147
Ahorn 49
Ährchen, Gräser 236–237
Ährchenspindel 236–237
Ähre 235
Akazie 80–81
Alchemie 258–259
Algen
  Bestimmung 225
  Evolution 16, 20, 21
Alma-Tadema, Lawrence 253
Aloen 66, 67
Alpen-Säuerling 204
Alraune 157, 250–251
Amazonas-Riesenseerose 34, 260–261
Ameisen 59, 80–81, 129
Ameisenpflanzen 80–81
Amerikanische Flockenblume 191
Amerikanischer Stinktierkohl 183
Ananas 196
Androeceum 40
Anemotropismus 62
Angiospermen 8, 30, 224–225
Anpassung an die Umwelt 54–55
Apfelbäume 36
Apikaldominanz 44
Architektur 35, 261
Arizona-Mohn 171
arktische Tundra 204–205
Armleuchteralge 20
Aronstab, Gefleckter 105–106
Aronstabgewächse 74–75, 104–107
Artbildung 180
Asafoetida 96
Atropin 156, 157
Auberginen 157
Aufforstung 269
Augentrost 247
Aussterben von Pflanzenarten 10, 218–219
Auxin 44
Axillarknospe 44

B

Bahngleise 206–207
Balgfrucht 49
Bananen 36, 68–69
Bärenklau 99, 214
Bärlappgewächse 18
Bärlauch 4, 169
Bartloser Widerbart 146
Bau der Blüten 40–41
Bauer, Ferdinand 262
Bäume pflanzen 269
Bäume
  Bestäubung 52
  Bestimmung 227
  Evolution 16
  höchste 29
  Kohlenstoff speichern 213
  Laubbäume 36
Baumfarne 25
Baumgrenze 172
Beeren 48
Behaarte Purgierdolde 98
Behaarung, Blätter 230
Bennettitales 28, 29
Berg-Frauenschuh 144
Bestäubung
  Evolution 16, 30
  Fledermäuse 68–69
  Fremdbestäubung 52–53
  Insekten 52–53, 64, 70–71, 74–75
  Vögel 66–67
Bestimmung von Pflanzen
  Aronstabgewächse 105
  Blattmerkmale 46–47, 227, 230–231
  Blüten 232–235
  Blütenteile 40
  dichotome Schlüssel 226–227
  Dokumentieren und konservieren 228–229
  Doldenblütler 97
  Glockenblumengewächse 121
  Gräser 236–237
  Hülsenfrüchtler 129
  Kakteen 117
  Korbblütler 109
  Kürbisgewächse 125
  Liliengewächse 141
  Nachtschattengewächse 157
  Orchideengewächse 145
  Raublattgewächse 113
  Schlauchpflanzengewächse 153
  Schwertliliengewächse 133
  Seidenpflanzengewächse 101
  Sommerwurzgewächse 149
  Thismiaceae 161
  Wasserschlauchgewächse 137
  Zuordnung zu Großgruppen 224–225
Bewegungen der Pflanzen 62
Bienen 119
Bienen-Ragwurz 70–71, 191
Biodiversität 10, 268–269
Bionik 261
Biopiraterie 256
Biosphäre 7
Biotechnologie 13
Bittermelonen 125
Blasenkirsche 159
Blasentang 138, 259
Blätter
  Eudikotyledonen 36
  Evolution 18
  größte 34
  Merkmale 46–47, 227, 230–231
  Monokotyledonen 36
  selbstreinigende Oberflächen 192
Blattspreite 46–47
Blaue Tillandsie 197
Blüten
  Bau 40–41
  Bestimmung 232–235
  Evolution 16
  Farben und Muster 64, 67
  Farbwechsel 113
  Größe und Bestäubung 68
  größte Blüten 58, 174
  Symmetrie und Bestäuber 52
  Täuschblüten 76–77
Blütenboden 41
Blütenkörbchen 109, 235
Blütenstände 97, 109, 113, 235, 236–237
Blütenstiel 41
Bobart, Jacob, der Jüngere 207
Bockshornklee 129
Bocks-Riemenzunge 188
Boden, Rhizosphäre 42
Bohnen 43, 49
Borretsch 114
botanische Illustration 262–263
Bräuche und Rituale 251–253, 258–259
Brennnesseln 191

Brombeeren 48
Bromelien 67, 89, 196
Busch-Windröschen 168

C

Charophyten 21
Chasmophyten 200
chemische Signale 86–87
Chlorophyll 7
Chloroplasten 7
Cistanchen 184, 248
als Gemüsepflanze 242
Cupani, Francesco 207
Cyathium 54

D

Damaszenerrose 252
Darth-Vader-Blume 78
Darwin, Charles 30, 72–73
Darwins Pantoffelblume 271
Deckspelze 236–237
Deutscher Ziest 179
dichotome Bestimmungsschlüssel 226–227
Dinosaurier 16
Dioskurides 241
DNA-Analysen 18, 58, 91, 141
Dodoens, Rembert 258
Dolden 235
Doldenblütler 96–99, 235
Domatien 80–81
Domestikation von Pflanzen 8, 10, 13
Doppeldolde 234
Dornen 80–81
Drachenbäume 180–181
Drachenwurz, Gemeine 178
Dreiblättriger Feuerkolben 107
Drüsiges Springkraut 37, 214
Dünen-Pankrazlilie 184
Durianfrucht 84–86

E

Eberesche 259
Echter Salbei 241
Efeu 42, 43, 168
Eiben 29, 259
Eichen 58, 179, 198
einheimische Arten 8
einjährige Pflanzen 267
Elefantenkartoffel 104, 105
Elektrizität 62
Endoparasiten 58–59
Endophyten 58
Engelstrompete 157
Epiparasiten 92
Epiphyten 25, 81, 89, 145, 174, 177, 196
Erbsen 43, 49, 232, 233
Erlen 227
Erzwespen (Chalcidoidea) 82
Eschen 227
Essbare Mittagsblume 214
Ethnobotanik 256–257
Eudikotyledonen 36, 37, 224–225
Eukalyptus 198
Evolution
Algen 20, 21
Artbildung 180
Besiedlung des Festlands 18–19
Blütenpflanzen 30
Farne 25
Koevolution 72
konvergente 36, 54, 58, 67
Monokotyledonen und Eudikotyledonen 36
Moose 22
Samen 29
Schachtelhalme 26
Überblick 16
exotische Arten 8

F

Farben wahrnehmen
Insekten 64
Vögel 67
Farne 25
Bestimmung 225
Evolution 16, 18, 24, 25
Habitate 177
Konservierung 228
Fasskaktus 119
Feigen 82–83, 178
Felsen und Klippen 200–201
Felsen-Greiskraut 206–207
Fenchel 49, 98
Ferkelnuss 227
Fettkraut 139
Fichtenspargel 166
Fingerhut, Roter 169, 177
Flaschenkürbis 125
Flechten 208
Fledertiere
Bestäubung 68–69
Kannenpflanzen 91
fleischfressende Pflanzen 7, 22, 62, 63, 91, 136–139, 152–155
flüchtige organische Stoffe 86–87
Flughunde, Bestäubung 68–69
Flüsse 193–194
Fossilien
Bärlappgewächse 18
Blüten 17
Früchte 30, 31
Schachtelhalme 26
Fototropismus 62
Frauenschuh 144
Freesien 133
Fremdbestäubung 16, 30, 52–53
Früchte
Fossilien 30, 31
Fruchttypen 48–49
Geruch, Anlocken von Tieren 84–85
Fruchtknoten 41
Fünf-Geschmäcker-Beere 32

G

Gänseblümchen 36, 108–111, 189, 235
Gärten 188–189
Gebirgslebensräume 172–173
Gefleckter Aronstab 105–106
Geflecktes Knabenkraut 77
geflügelte Achäne 49
Gelbe Schlauchpflanze 154
Gelber Blasenstrauch 9, 128
Gemeine Drachenwurz 178
Gemeiner Stechapfel 157, 158
Gemüse-Fenchel 98
Geophyten 37, 171
Geotropismus 62
Gerard, John 258
Geruch
Anlocken von Insekten 58, 59, 70–71, 74–75, 77–78
Anlocken von anderen Tieren 84–85
Geschwänzte Haselwurz 166
Gesundheit und Pflanzen 270
getrocknete und gepresste Pflanzen 220–221, 228–229
Gewöhnliche Schuppenwurz 150
Gewöhnliche Seidenpflanze 103
Gewöhnlicher Blasenstrauch 9, 128
Gewöhnlicher Hornklee 187, 191
Gewöhnlicher Tüpfelfarn 177
Gewöhnlicher Wasserhahnenfuß 183
Gewöhnlicher Wasserschlauch 136
Gewöhnliches Greiskraut 259
Gewöhnliches Tüpfel-Johanniskraut 241
Ghini, Luca 221
Gibberelline 44
Ginkgo 29, 225
Ginster 51
Ginster-Sommerwurz 150
Gladiolen 133
Glockenblumen 233

Glockenblumengewächse 120–123
Glockenblume, Rundblättrige 9, 122
Granne 236–237
Grapefruit 48
Gräser bestimmen 236–237
Grasländer und Wiesen 57, 187
Greiskraut, Gewöhnliches 259
Greiskräuter 207
Griffel 41
Großblütige Waldlilie 166
Große Klette 261
Großer Wiesenknopf 187
Großwarziger Kaktus 119
Grünalgen 21
Gurken 125
Gymnospermen 29, 224–225
Gynoeceum 40

H

Habitate
- Arktische Tundra 204–205
- Bahngleise 206–207
- Felsen und Klippen 200–201
- Feuchtgebiete 182–183
- Flüsse und Seen 192–193
- Gärten und Rasen 188–189
- Gebiete mit regelmäßigen Bränden 198–199
- Gebirge 172–173
- Grasländer 187
- Hausdächer 203
- Inselgruppen 180–181
- Kiefernwälder 166–167
- Lebensraumverlust 217
- Meere und Ozeane 194–195
- Mittelmeerraum 178–179
- moosreiche Wälder 176–177
- Regenwälder 57, 58, 84–85, 174–175
- Sanddünen 184–185
- Straßen- und Wegränder 190–191
- Tillandsien und Bromelien 196–197
- Vulkane 208–209
- Waldgebiete 168–169
- Wüsten 54–55, 170–171

Haeckel, Ernst 262
Hahnenfuß 36, 183, 188
Halbschmarotzer 57
Halophyten 200
Hartriegel 227
Haselstrauch 49
Hasenglöckchen 177
Hausdächer 203
Haustorien 57
Hauswurzen 203
Hautfarne 177
Heckenkirsche 12, 52, 53
Heidekraut 86
Heilpflanzen 241–242, 244–245
Heilung mit Magie und Ritualen 258–259
Herbarien 220–221, 229, 262
Herbstzeitlose 37
Hexen 258–259
Hirschzungenfarn 177
Hochblätter 67, 68
Honigtau 81
Hooker, Sir William Jackson 263
Hopfenklee 190
Hornblatt 192–193
Hornklee, Gewöhnlicher 187, 191
Hornmoose 22
Hüllspelzen 236–237
Hülsenfrüchtler 43, 49, 128–131, 187
Hundsgiftgewächse 101
Hybriden 207
Hypanthium 161

I

indigene Völker, Ethnobotanik 256
Indische Lotosblume 36, 192–193, 261
Indische Sommerwurz 151
Ingwer 36
Insekten
- Ameisenkolonien 80–81
- Bestäubung 30, 52–53, 64, 70–71, 74–75
- fleischfressende Pflanzen 62, 91, 137
- Koevolution 16
- Wahrnehmung von Farben 64

Inselgruppen 180–181
Inseln als Lebensräume 180–181
Interaktionen von Pflanzen mit Tieren
- Ameisenkolonien 80–81
- Bestäubung 52–53, 64–75
- Samenverbreitung 51, 84–85

invasive Pflanzenarten 214–215

J

Japanische Krötenlilie 143
Japanischer Staudenknöterich 214
Java-Gurke 174
Johannisbeere 48
Johannisbrotbaum 178
Juckbohne 130

K

Kakteen 54–55, 68, 116–119, 171
Kalifornische Walnuss 227
Kamille 244
Kanada-Lilie 140
Kanaren-Glockenblume 122
Kanaren-Wolfsmilch 208–209
Kannenpflanzen 90–91, 152–155, 261
Kapselfrüchte 49
Kapstachelbeere 159
Kartoffeln 157
Keimen 44, 198
Kelch/Kelchblätter 40
Kermeseiche 179
Kichererbse 129
Kiefern 29, 198
Kiefernwälder 166–167
Kirschblüten 252
Klappertopf 56, 57, 149, 266
Klassifikation 18, 220, 224
Klee 43, 129, 188, 191
Kleine Braunelle 188
Kletten 50, 51, 261
Kletterpflanzen 89
Klettverschluss 261
Klimawandel 213
Knabenkraut, Geflecktes 77
Knoblauch 244
Knollen 36, 37, 178
Knollige Seidenpflanze 187
Knospen 44–45
Kobralilie 155
Koevolution 72
Kohl 36
Kohle 18
Kohlenstoffspeicher 22, 213
Kolben 75, 105
Kolibris 67
Koloquinte 124
Kometenorchidee 72–73
Kommunikation 13, 42, 86–87
Königs-Protea 198–199
Konservierung von Pflanzen 228–229
konvergente Evolution 36, 54, 58, 67
Kopfiger Thymian 179
Korallenriffe 57
Korbblütler 109
Korkeichen 198
Kornrade 266
Köstliches Fensterblatt 105
Kräuterbücher 258, 262
Krebsschere 192–193
Kreuzblütler 233
Kriechender Hahnenfuß 188
Kristallpalast, London 35, 261
Krokusse 37, 133, 135
Kronblätter 40, 41
Kryptogamen 224–225
Küchenschelle 187
Kuckucks-Lichtnelke 164, 182, 183
Kultur, Ethnobotanik 256–257

Kunst
botanische Illustration 262–263
Seerosen 35
Symbolik der Blumen 253–255
Kürbisgewächse 124–127
Kürbisse 125–127
Küstenmammutbaum 29

L

Labellum, Orchideenblüte 145
Labkraut, Echtes 187
Langlebige Kiefer 29
Lavendel 179
Lebende Steine 170
Lebermoose 16, 22, 23, 247
Leonardo da Vinci 253
Lianen 125, 174
Ligula 236–237
Liliengewächse 140–143
Linné, Carl von 221
Linsen 129
Lithophyten 177, 200–201
Lorbeerkranz 258
Lotosblume, Indische 36, 192–193, 261
Lotwurz 115
Löwenzahn 43, 51
Luffaschwämme 125
Luftwurzeln 42–43, 145
Louisianamoos 196
Lungenkraut 247
Lupinen 129, 187
Lycophyten 16

M

Macchie 178
Mädesüß 187
Madonnen-Lilie 252–253
Magie 258–259
Magnolien 17
Mais 36
Majoran 187
Malpaís 208
Malteserschwamm 248–249
Mandelbäume 178
Margerite 187, 267
Mauerpfeffer 203
Mäuseschwanz 107
Meere und Ozeane 194–195
Meerfenchel 200–201
Megaphylle 18
Menschen
Anatomie und Pflanzen 10
Gesundheit und Natur 270
Merikarp 97
Meristeme 44
Mesopotamien 241
Milchsaft 109
Millais, John Everett 255
Mimikry
Aristolochiaceae 77–78
Orchideen 70–71, 76–77
Mimose 62
Minzen 187, 233
Mittagsblume, Essbare 214
Mittelmeerraum 178–179
Mittlerer Weinschwärmer 12, 53
Mohn 36, 49, 267
Monarchfalter 103
Monet, Claude 35
Monokotyledonen 36, 37, 224–225
Moose 22, 225
Evolution 16, 18, 22
moosreiche Wälder 176–177
Mormonentulpe 171
Muster in UV-Farben 64
Mycetophilidae 78–79
mykoheterotrophe Pflanzen 92–93, 161, 166
Mythen und Legenden 251–253, 254
Myzelien 86

N

Nachtfalter 53, 72
Nachtschattengewächse 156–159
Nadelbäume 29, 52, 225
Nährstoffe 91
Narbe 41
Narzissen 252
Nashornvögel 84
Nationalblumen 35
Natur, sich mit ihr verbinden 270
Nektar 52, 81
Nektarine 48
Nektarvögel 66, 67
Neptungras 194–195
Netzblatt-Schwertlilie 9, 134
nicht einheimische Arten 8
Nikong, Dome 160
Nikotin 157
Nuss 49

O

Ökosysteme 13
Ökosystem-Ingenieure 56–57
Olivenbäume 178, 258
Orangenbäume 178
Orchideen 36, 44, 70–73, 76–77, 133, 144–147, 177, 188, 191, 244
Orgelpfeifenkaktus 55
Osterluzeigewächse 32, 33, 78, 166, 247
Ostiole 82
Oxford-Greiskraut 206–207

P

Palmen 36
Palmfarne 16, 29, 225
Papageien-Schlauchpflanze 155
Paprika 157
Parasiten 7, 57–59, 92, 149, 161, 242–243, 248
parasitische Pflanzen 57
Paxton, Joseph 35, 261
Pejote 257
Pestwurz 110
Petunien 157
Pfahlwurzel 43
Pfeifenwinden 78
Pflanzenblindheit 10, 270
Pflanzengesellschaften 13, 54–55
Pflanzenheilkunde
Alraune 250–251
Atropin 156
Gewöhnlicher Blasenstrauch 128
Heilkräuter 241–242, 244–245
Malteserschwamm 248–249
Signaturenlehre 247
Thapsigargin 98
Pflanzenhormone 44
Pflanzennamen 220, 224
siehe auch Taxonomie
Pflanzenreich
Definition 7
Taxonomie 224–225
Phanerogamen 224–225
Phänologie 213
Pilze
Ameisen, die Pilze anbauen 81
Pflanzenparasiten und Symbionten 92–93, 161
Rhizosphäre 42, 86
Symbiose 19
und Samenkeimung 44
Pilzmücken 77, 161
Plinius der Ältere 241
Pollen 30, 64
Pollinien 101
Pracht-Tanne 93
Präraffaeliten 255
Prärieklee 266
Prärien 187, 266
Proteen 36, 198
Pseudobulben 145
Purpurtaupflanze 215
Pyrophyten 198–199

Q

Quendel-Seide 86–87
quirlständige Blätter 40, 232

R

Ranken 89, 125
Rasen mähen 191
Rasenflächen 188–189
Raublattgewächse 112–115
Regenwälder 57, 58, 84–85, 174–175
Reis 36
Reusenfallen 137
Rewilding 268–269
Rhizoide 21
Rhizosphäre 42, 86
Rhododendron 214
Riesen-Bärenklau 99, 214
Riesen-Fenchel 98
Riesen-Lilie 142
Riesenlobelie 120
Riesen-Schachtelhalm 26
Riesentange 21, 57
Rispe 235
Rohrkolben 134, 192–193
Rom der Antike 27, 244
Rose von Jericho 110
Rosmarin 241
Rosen 252–253
Rote Schlauchpflanze 152
Roter Fingerhut 169, 177
Rotfrüchtige Zaunrübe 125
Ruhephasen bei ungünstigen Bedingungen 44, 133
Rundblättrige Glockenblume 9, 122

S

Saat-Wicke 88
Safran-Krokus 135
Saftmale 64
Saguaro 118
Salbei 52
Samen
  Einkeimblättrige 36
  Eudikotyledonen 36
  Evolution 29
  Keimen 44, 198
  Verbreitung 50–51, 84–85
Samenanlagen 41
Samenfarne 25
Sanddünen 184–185
Sandkraut 123
Sauerklee 43
Schachblume 142
Schachtelhalme 26, 27, 225
Scharfer Mauerpfeffer 203
Schierling 258
Schirmchen an Früchten 6, 100
Schirmrispe 235
Schlangenhaargurke 127
Schlauchpflanzen 152–155
Schlüsselblumen 36
Schmetterlinge 101, 103
Schneepflanze 92–93
Schokoladengetränk, Azteken 258
Schopf-Lavendel 179
Schuppenrinden-Hickory 227
Schuppenwurz, Gewöhnliche 150
Schutzwälder 242
Schwammgurke 127
Schwarze Tollkirsche 156
Schwarzes Bilsenkraut 158
Schwerkraft 62
Schwertlilien 36, 132–135, 193, 254
Seegräser 194
Seen 192–193
Seerosen 34, 35, 141, 193, 254, 260, 263
Seide 86–87
Seidenpflanze, Gewöhnliche 103
Seidenpflanzen 49, 101, 103
Seidenpflanzengewächse 100–103
selbstreinigende Oberflächen 192, 261
Seltsamer Lauch 215
Senna 128
Shakespeare, William 252, 255, 259
Sherard, William 207
Sibthorp, John 262
Signaturenlehre 247
Silberschwert 108, 180
Silphium 244–245
Sojabohne 36, 129, 213
Sokotrischer Drachenbaum 180–181
Sokrates 258
Solarmodule 35, 261
Somerset, Mary, Herzogin von Beaufort 207
Sommerwurzgewächse 148–151
Sonnenblumen 36, 49, 109
Sonnenhüte 187, 256
Sonnentau 22, 183
Spaltfrüchte 49, 97
Spaltkörbchen 32
Spargelartige 133
Spatha 75, 105
Spelzen 236–237
Spitzhörnchen 90–91
Spitzwegerich 188
Sporen 16, 19, 22, 25, 26
Sporenpflanzen 8
Sporophyllstände 26
Sprache der Blumen im Viktorianischen Zeitalter 252
Springkraut, Drüsiges 37, 214
Spritzgurke 50, 51, 125
Stängel und Sprosse
  Gräser 236–237
  Kakteen 54–55, 117
  Meristeme 44–45
Stängelloses Leimkraut 204
Staubblatt 40, 41
Staubfaden 41, 58
Stechapfel, Gemeiner 157, 158
Stendelwurzen 12, 76–77
Sternanis 32
Stickstoff 91, 120, 153, 184, 188, 191
Stierhorn-Akazie 80
Strandbohne 51, 130
Stranddistel 184–185
Strand-Grasnelke 200–201
Strandwinde 184–185
Straßen- und Wegränder 190–191
Streifenfarne 247
Sukkulenten 54–55, 117, 203
Sumerer 241
Sümpfe und Moore 182–283
Sumpf-Läusekraut 56
Sumpf-Schwertlilie 134, 254
Symbionten 92–93
Symbiose 19, 92, 120
Symmetrie 52

T

Tabak 157
Tange 21, 259
Taro 105, 174
Taxonomie 18, 220, 224–227
Thallus 23
Thapsigargin 98
Theophrastos von Eresos 241
Thigmotropismus 62, 89
Thismiaceae 160–163
Thymian 187, 240–241
Tillandsien 196–197
Titanenwurz 105
Tollkirsche, Schwarze 156
Tomaten 157
Tomatillo 159
Torf 18, 22
Tragant 129, 130
Traube, Blütenstand 235
Trichome 196, 230
Tropan-Alkaloide 157
Tropismen 62, 89
Tulpen 212, 233
Tüpfelfarn, Gewöhnlicher 177
Tüpfel-Johanniskraut, Gewöhnliches 241

U
ursprüngliche Blütenpflanzen 32

V
Venusfliegenfalle 62, 63
Vergissmeinnicht 113
Verhalten von Flüssigkeiten, Bionik 261
Verlust von Lebensräumen 217
Vermehrung, Sporen 16, 19, 22, 25, 26
Vögel
  Bestäubung 66–67
  Samenverbreitung 84
Vulkane 208–209

W
Wachsblume 114
Wachstum 44–45, 62, 89
Wald- und Buschbrände, angepasste Wildpflanzen 198–199
Wälder 13
Waldland 168–169
Walnuss 227
Warzenkaktus 116
Wasser leiten in der Pflanze, Evolution 18
wasserabweisende Blattoberflächen 192
wasserabweisende Materialien, Bionik 261
Wasserhahnenfuß, Gewöhnlicher 183
Wasserschläuche 136–138
Wasserschlauch, Gewöhnlicher 136
Wasserschlauchgewächse 137, 139
Waterhouse, John William 254, 255
Weiden 43
Weidenröschen 51
Weinraute 244
Weintrauben 213
Weißdorn 259
Weiße Meerzwiebel 178
Weißerle 227
Weizen 36
Wespen 12, 76, 82–83
Wicken 88–89, 187
Wildblumen
  ansäen 267
  schützen 228–229
  Wildblumenwiesen 267
Wildprets Natternkopf 112
Wind, Anemotropismus 62
Windbestäubung 52
Winden 89
windende Pflanzen 89
wissenschaftliche Namen 18
Wollgräser 183
Wordsworth, William 252
Wurzelknöllchen 43, 120
Wurzeln
  Kommunikation 86
  Meristeme 44–45
  Typen und Aufgaben 42–43
Wüsten 54–55, 170–171
Wüsten-Cistanche 11, 149, 242–243
Wüstenerbse 131
Wüstenkaktus 54

X
Xylem, Evolution 18

Y
Yareta 172

Z
Zaubernuss 256
Zauberstäbe 259
Zaunrübe 125
Zellen 44
Zierpflanzen 8
Zimmerpflanzen 270
Zistrosen 59, 198
Zitrusfrüchte 178
Zucchini 125
Zuckerbüsche 198
zusammengesetzte Frucht 48
Zwergbirke 204
Zyme 113, 235
Zytokinine 44

REGISTER DER WISSENSCHAFTLICHEN PFLANZENNAMEN

A

Abies magnifica 93
Acacia cornigera 80–81, 120
Achillea millefolium 190
Adansonia spp. 69, 257
Aeginetia indica 151
Aeonium spp. 180, 208
Aeonium tabuliforme 200–201
Agrostemma githago 266
Allium paradoxum 215
Allium sativum 244
Allium ursinum 4, 169
Allotropa virgata 92
Alnus rhombifolia 227
Alsomitra macrocarpa 174
Amaranthaceae 248
Amborella 32, 33
Amborella trichopoda 33
Amorphophallus paeoniifolius 104
Amorphophallus titanum 105
Angraecum sesquipedale 72–73
Anemone nemorosa 168
Apiaceae 96–99, 200, 235
Apocynaceae 100–103
Apteranthes europaea 102
Araceae 74–75, 104–107
Archaeanthus 30, 31
Arctium lappa 261
Arenaria polytrichoides 123
Argyroxiphium sandwicense 108
Arisaema triphyllum 107
Arisarum proboscideum 107
Aristolochia arborea 77–78
Aristolochia clematitis 32, 247
Aristolochia grandiflora 32, 33
Aristolochia salvadorensis 77
Armeria maritima 200–201
Arum dioscoridis 74
Arum maculatum 105–106
Asarum caudatum 166
Asclepiadoideae 100–103
Asclepias spp. 101
Asclepias syriaca 103
Asparagales 133
Asplenium scolopendrium 177
Asplenium trichomanes 247
Asteraceae 108–111, 235
Astragalus spp. 129
Astragalus crassicarpus 130
Atropa belladonna 156
Azolla 25
Azorella compacta 172

B

Baumfarne 24
Bellis perennis 111, 189
Bohnen 129
Betula nana 204
Boraginaceae 112–115
Borago officinalis 114
Brassicaceae 233
Bromeliaceae 67, 89, 196
Brugmansia spp. 157
Bryonia dioica 125
Buddleja davidii 207

C

Cactaceae 116–119
Calamites 26, 27
Calceolaria uniflora 271
Calochortus nuttallii 171
Calystegia soldanella 184–185
Campanula rotundifolia 9, 122
Campanulaceae 120–123, 233
Canarina canariensis 122
Capsicum spp. 157
Cardiocrinum giganteum 142
Carnegiea gigantea 118
Carpobrotus edulis 214
Carya glabra 227
Carya ovata 227
Catasetum macrocarpum 72
Caytonia 29
Celtis laevigata 227
Centaurea americana 192
Ceratophyllum dermersum 193
Cerinthe major 114
Ceropegia distincta 6, 100
Chamaemelum nobile 244
Chara 20
Chlorophyta 225
Cicer arietinum 129
Cichorioideae 109
Cistanche spp. 149, 242–243
Cistanche deserticola 11, 242–243
Cistanche phelypaea 184
Cistus spp. 59, 198
Citrullus colocynthis 124
Colchicum 37
Colocasia esculenta 105, 174
Colutea arborescens 9, 128
Cornus sanguinea 227
Coryphantha elephantidens 119
Crithmum maritimum 200–201
Crocus cartwrightianus 135
Crocus sativus 135
Cucumis spp. 125
Cucurbitaceae 124–127
Cuscuta spp. 86–87
Cyathea 24, 25
Cycadophyta 225
Cymodoceaceae 194
Cynomorium coccineum 248–249
Cypripedium montanum 144
Cytinus 58
Cytinus hypocistis 59

D

Dactylorhiza maculata 77
Dalea purpurea 266
Darlingtonia californica 153, 155
Datura stramonium 157, 158
Dawsonia 23
Dendrophylax lindenii 146
Dicentra 42
Digitalis purpurea 169
Dionaea muscipula 63
Dipcadi serotinum 178

Dipterocarpaceae 175
Disphyma crassifolium 215
Dorstenia 82
Dracaena spp. 180–181
Dracula simia 271
Dracunculus vulgaris 178
Drimia maritima 178
Drosera spp. 183
Durio zibenthinus 85

E
Ecballium elaterium 50
Echinacea spp. 256
Echinocactus spp. 119
Echinocereus coccineus 54
Echium wildpretii 112
Eophyllophyton 18
Epipactis 76
Epipactis helleborine 12, 77
Epipogium aphyllum 146
Equisetum arvense 26, 27
Equisetum myriochaetum 26
Equisetum telmateia 26
Ericaceae 92
Eriophorum spp. 183
Eryngium maritimum 184–185
Escobaria vivipara 55
Euphorbia spp. 54, 117, 208
Euphorbia canariensis 208–209
Euphrasia spp. 247

F
Fabaceae 128–131, 233
Fagaceae 58
Fallopia japonica 214
Ferocactus wislizeni 119
Ferula assa-foetida 96
Ferula communis 98
Ferula drudeana 244–245
Ficus carica 82
Foeniculum vulgare 98
Fraxinus excelsior 227
Fritillaria meleagris 142

G
Genlisea 137
Gesneriaceae 67
Ginkophyta 225
Glycine max 129
Glycyrrhiza glabra 129

H
Halimium halimufolium 59
Halophila spp. 194
Haloxylon ammodendron 243
Hamamelis spp. 256
Hedera helix 42, 168
Heracleum mantegazzianum 99, 214
Hibiscus tiliaceus 224
Himantoglossum hircinum 188
Hodgsonia macrocarpa 126
Hymenophyllum spp. 177
Hyoscyamus niger 158
Hypericum perforatum 241
Hypochaeris radicata 190

I
Illicium 32
Impatiens glandulifera 37, 214
Iridaceae 132–135
Iris atrofusca 132
Iris pseudacorus 134, 254
Iris reticulata 9, 134

J
Juglans californica 227

K
Kallstroemia grandiflora 171
Kleinia neriifolia 208
Kopsiopsis strobilacea 148

L
Lagenaria spp. 125
Lamiaceae 233
Lathraea squamaria 150
Lavandula stoechas 179
Leguminosen 129
Lentibulariaceae 137
Lesqueria 30, 31
Liliaceae 140–143
Lilium spp. 141
Lilium canadense 140
Lilium candidum 252
Lithops spp. 170
Lithurgus spp. 119
Lobelia deckenii 120
Lobelia telekii 120
Lophopetalum tanahgambut 219
Lophophora williamsii 257
Luffa acutangula 127
Lupinus spp. 129
Lychnis flos-cuculi 182, 183
Lysichiton americanus 183

M
Mammillaria herrerae 116
Mandragora officinarum 250–251
Marchantia 22, 23
Marchantiophyta 247
Matricaria chamomilla 244
Medicago spp. 129
Melampyrum cristatum 191
Mimosa pudica 62
Mitrastemon 58
Momordica spp. 125
Monotropa hypopitys 166
Monotropa uniflora 166–167
Monstera deliciosa 105
Mucuna nigricans 130
Musa 69
Myosotis 113
Myrmecodia 80–81

N
Nanjinganthus 30
Narcissus spp. 254, 255
Neesia synanadra 84–85
Nelumbo nucifera 36, 193–194
Nepenthes spp. 90–91, 153, 261
Nicotiana tabacum 157
Nuphar spp. 35, 254

O
Onosma erectum 115
Ophrys apifera 70–71
Orchidaceae 36, 144–147
Orchis simia 147
Orobanchaceae 148–151
Orobanche rapum-genistae 150
Oxygyne shinzatoi 163
Oxyria digyna 204

P
Pallenis hierochuntica 110
Pancratium maritimum 184
Pedicularis palustris 56
Periploca aphylla 102
Petasites hybridus 110
Phelipanche purpurea 192
Physalis crassifolia 159
Pinguicula spp. 137
Pinguicula lusitanica 139
Pinguicula vulgaris 139
Pinophyta 225
Pinus longaeva 29
Pisum sativum 129
Plantago lanceolata 188
Poaceae 194, 224
Polypodium vulgare 177
Posidonia oceanica 194–195
Protea cynaroides 198–199
Prunella vulgaris 188
Psaronius 25
Pseudobornia 26
Pteridophyta 225
Pulmonaria spp. 247
Pulsatilla vulgaris 187

Q
Quercus coccifera 179

R
Rafflesia spp. 58
Rafflesia arnoldii 174–175
Rafflesia banaoana 219
Ramonda heldreichii 172–173
Ranunculus aquatilis 183
Ranunculus repens 188
Rhinanthus minor 56, 57, 266
Rhizanthella gardneri 147
Rhododendron ponticum 214
Rinistachya 20
Romulea columnae 184
Ruppiaceae 194
Ruta graveolens 244

S
Salvia officinalis 241
Salvia rosmarinus 241
Sarcodes sanguinea 92–93
Sarracenia flava 154
Sarracenia psittacina 155
Sarracenia purpurea 152, 153
Sarraceniaceae 152–155
Schisandra 32
Sedum spp. 203
Sempervivum spp. 203
Senecio squalidus 206–207
Senecio vulgaris 259
Sequoia sempervirens 29
Sigillaria 18, 19
Silene acaulis 204
Silene uralensis 204–205
Solanaceae 156–59, 250–251
Solanum spp. 157
Sphagnum 22, 139, 152, 153, 183
Stachys germanica 179
Stachys sylvatica 247
Stenocereus thurberi 55
Sternbergia mishustinii 219
Stratiotes aloides 192–193
Swainsona formosa 131

T
Tetrastigma 58, 174–175
Thapsia villosa 98
Thismia neptunis 162
Thismia rodwayi 162
Thismia sitimeriamiae 160
Thismiaceae 160–163
Thymbra capitata 179
Tiganophyton karasense 218–219
Tillandsia spp. 196–197
Trichosanthes cucumerina 127
Tricyrtis hirta 143
Trifolium spp. 129
Trifolium repens 188
Trigonella foenum-graecum 129
Trillium grandiflorum 166
Tulipa dasystemon 212
Typha spp. 134

U
Utricularia inflata 138
Utricularia vulgaris 136

V
Verbascum arcturus 200
Vicia faba 129
Vicia sativa 88
Victoria amazonica 34, 260–261

W
Wallisia cyanea 197
Wattieza 25

X
Xanthopan morganii 72–73

Z
Zosteraceae 194
Zosterophyllum 18

Geflecktes Knabenkraut
(*Dactylorhiza maculata*)

Nektarvogel an
einer Aloe

ÜBER DEN AUTOR

Der Botaniker Chris Thorogood ist stellvertretender Direktor und wissenschaftlicher Leiter des Botanischen Gartens und Arboretums der Universität Oxford. Chris ist außerdem Gastprofessor an der Universität der Philippinen, wo er Botanik und Forstwissenschaft lehrt und Feldforschungs- sowie Naturschutzprojekte durchführt. Sein besonderes Interesse gilt den größten Blüten der Welt (Gattung *Rafflesia*). Auch in Japan, dem Nahen Osten und dem Mittelmeerraum forscht er.

Seine aktuelle Forschung konzentriert sich auf die Evolution der Pflanzen, Naturschutzaspekte, Biodiversitäts-Hotspots und Bionik – das interdisziplinäre Gebiet, in dem Strukturen und andere Anpassungen lebender Organismen Vorbild für die Entwicklung von Materialien, Systemen oder Maschinen sind, wie z. B. Solarmodule, für die Seerosenblätter Anregungen bieten. Chris ist Mitglied der Linnean Society in London, Mitherausgeber der Zeitschrift »Plants, People, Planet« des New Phytologist Trust und Mitglied der Society of Botanical Artists.

Neben seiner Tätigkeit als Botaniker und Autor tritt Chris regelmäßig im Fernsehen und im Radio auf und ist ein preisgekrönter Illustrator von Pflanzen und Tieren. Weil er sich für Pflanzen begeistert, möchte er auch uns dazu bringen, sie mit anderen Augen zu sehen und zu erkennen, dass wir mit ihnen verbunden und auf sie angewiesen sind.

DANK

Mein herzlicher Dank gilt all den Botanikerinnen und Botanikern auf der ganzen Welt, die im Lauf der Jahre unermüdlich ihr Wissen mit mir geteilt haben. Viele von ihnen haben zu diesem Buch beigetragen. Außerdem danke ich dem Team von DK, das dieses Buch möglich gemacht hat: Rosanna Fairhead, der Lektorin; den leitenden RedakteurInnen Lucy Sienkowska und Alastair Laing; Barbara Zuniga für das Design; Giulia Garbin für das Konzept; Vicky Read für die Gestaltung der Seiten und Izzy Poulson, die das Cover entwarf. Ein besonderer Dank an die wunderbaren Illustratorinnen und Illustratoren Dan Crisp, Jessica Ip und Stuart Jackson-Carter, die das Buch zum Leben erweckten.

DANK DES VERLAGS

DK dankt Ruth Ellis für das Erstellen des Registers.

DK | Penguin Random House

DK London
Lektorat Ruth O'Rourke, Lucy Sienkowska, Alastair Laing, Rosanna Fairhead
Gestaltung und Bildredaktion Maxine Pedliham, Barbara Zuniga, Heather Blagden, Vicky Read, Giulia Garbin
Umschlaggestaltung Emily Cannings, Izzy Poulson
Herstellung David Almond, Samantha Cross
Illustrationen Dan Crisp, Jessica Ip, Stuart Jackson-Carter

Für die deutsche Ausgabe:
Projektbetreuung Manuela Stern
Herstellungskoordination Arnika Marx
Herstellung Sabine Hüttenkofer

Titel der englischen Originalausgabe:
Wildflowers

Übersetzung Eva Sixt
Lektorat Dr. Ruthild Kropp

ISBN 978-3-8310-5197-7
5902-341259-23793-01

Druck und Bindung C&C Offset Printing, China

FSC www.fsc.org MIX Papier | Fördert gute Waldnutzung FSC® C018179

www.dk-verlag.de

Hinweis

Die Informationen und Ratschläge in diesem Buch sind vom Autor und vom Verlag sorgfältig erwogen und geprüft, dennoch kann eine Garantie nicht übernommen werden.
Eine Haftung des Autors bzw. des Verlags und seiner Beauftragten für Personen-, Sach- und Vermögensschäden ist ausgeschlossen.

Bildnachweis

Der Verlag dankt folgenden Personen für die freundliche Erlaubnis zur Verwendung des Bildmaterials:
(Abkürzungen: o-oben; u-unten)
Alamy Stock Photo: Album 253o, ARTGEN 254, PictureLux/The Hollywood Archive 253u, The History Collection 263

NOCH MEHR SPASS
UND LESEFREUDE

ISBN 978-3-8310-4926-4

ISBN 978-3-8310-4972-1

ISBN 978-3-8310-4541-9

ISBN 978-3-8310-4847-2

DK

www.dk-verlag.de

Neugierig auf mehr?